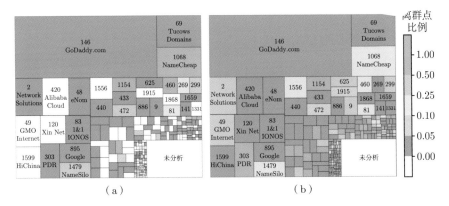

图 4.4 域名注册商的隐私保护合规性和管辖域名比例

（a）欧洲经济区数据；（b）全球其他地区数据

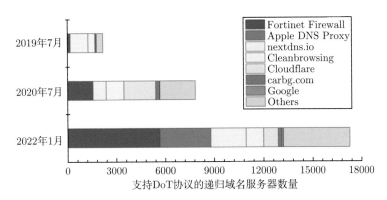

图 5.4 支持 DoT 协议的递归域名服务器数量变化

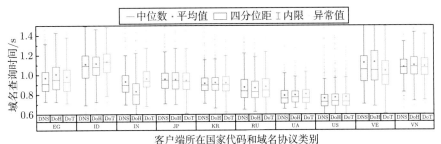

图 5.5 全球代理网络客户端节点的域名查询时间分布

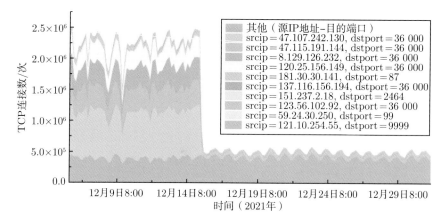

图 6.5　访问被查封域名的 TCP 连接数

注：统计间隔为 4h

清华大学优秀博士学位论文丛书

互联网域名体系
安全技术测量研究

陆超逸（Lu Chaoyi）著

On Measuring Security Technologies within
the Domain Name System Hierarchy

清华大学出版社
北京

内 容 简 介

域名是互联网上识别和定位计算机的层次结构式的字符标识，维护全球唯一的域名空间、健全互联网域名的管理和功能体系，是保障国际互联网稳定运行和防止国际互联网分裂的重要前提。近年来，为治理域名安全风险、保障域名空间稳健，互联网域名体系设计引入了一系列安全技术，然而，相关协议和方案的部署应用态势和现实缺陷，能否有效治理域名安全风险，目前仍不清楚。

本书对互联网域名体系安全技术进行了大规模、系统性的测量研究，揭示了相关协议和方案的部署应用现状，发现了现实缺陷，为进一步治理域名安全风险、保障互联网域名体系的稳健提供了规范建议。

本书可供网络空间安全学科教师、学生以及相关从业者阅读参考。

图书在版编目(CIP)数据

互联网域名体系安全技术测量研究 / 陆超逸著.
北京 : 清华大学出版社，2024. 10. -- (清华大学优秀
博士学位论文丛书). -- ISBN 978-7-302-67319-4

Ⅰ. TP393.08

中国国家版本馆 CIP 数据核字第 2024HZ3031 号

责任编辑：孙亚楠
封面设计：傅瑞学
责任校对：赵丽敏
责任印制：曹婉颖

出版发行：清华大学出版社
    网 址：https://www.tup.com.cn，https://www.wqxuetang.com
    地 址：北京清华大学学研大厦 A 座   邮 编：100084
    社 总 机：010-83470000   邮 购：010-62786544
    投稿与读者服务：010-62776969，c-service@tup.tsinghua.edu.cn
    质量反馈：010-62772015，zhiliang@tup.tsinghua.edu.cn
印 装 者：三河市东方印刷有限公司
经 销：全国新华书店
开 本：155mm×235mm   印 张：10.5   插 页：1   字 数：179 千字
版 次：2024 年 10 月第 1 版   印 次：2024 年 10 月第 1 次印刷
定 价：89.00 元

产品编号：102150-01

一流博士生教育
体现一流大学人才培养的高度（代丛书序）[①]

　　人才培养是大学的根本任务。只有培养出一流人才的高校，才能够成为世界一流大学。本科教育是培养一流人才最重要的基础，是一流大学的底色，体现了学校的传统和特色。博士生教育是学历教育的最高层次，体现出一所大学人才培养的高度，代表着一个国家的人才培养水平。清华大学正在全面推进综合改革，深化教育教学改革，探索建立完善的博士生选拔培养机制，不断提升博士生培养质量。

学术精神的培养是博士生教育的根本

　　学术精神是大学精神的重要组成部分，是学者与学术群体在学术活动中坚守的价值准则。大学对学术精神的追求，反映了一所大学对学术的重视、对真理的热爱和对功利性目标的摒弃。博士生教育要培养有志于追求学术的人，其根本在于学术精神的培养。

　　无论古今中外，博士这一称号都和学问、学术紧密联系在一起，和知识探索密切相关。我国的博士一词起源于 2000 多年前的战国时期，是一种学官名。博士任职者负责保管文献档案、编撰著述，须知识渊博并负有传授学问的职责。东汉学者应劭在《汉官仪》中写道："博者，通博古今；士者，辩于然否。"后来，人们逐渐把精通某种职业的专门人才称为博士。博士作为一种学位，最早产生于 12 世纪，最初它是加入教师行会的一种资格证书。19 世纪初，德国柏林大学成立，其哲学院取代了以往神学院在大学中的地位，在大学发展的历史上首次产生了由哲学院授予的哲学博士学位，并赋予了哲学博士深层次的教育内涵，即推崇学术自由、创造新知识。哲学博士的设立标志着现代博士生教育的开端，博士则被定义为

---

① 本文首发于《光明日报》，2017 年 12 月 5 日。

独立从事学术研究、具备创造新知识能力的人，是学术精神的传承者和光大者。

博士生学习期间是培养学术精神最重要的阶段。博士生需要接受严谨的学术训练，开展深入的学术研究，并通过发表学术论文、参与学术活动及博士论文答辩等环节，证明自身的学术能力。更重要的是，博士生要培养学术志趣，把对学术的热爱融入生命之中，把捍卫真理作为毕生的追求。博士生更要学会如何面对干扰和诱惑，远离功利，保持安静、从容的心态。学术精神，特别是其中所蕴含的科学理性精神、学术奉献精神，不仅对博士生未来的学术事业至关重要，对博士生一生的发展都大有裨益。

独创性和批判性思维是博士生最重要的素质

博士生需要具备很多素质，包括逻辑推理、言语表达、沟通协作等，但是最重要的素质是独创性和批判性思维。

学术重视传承，但更看重突破和创新。博士生作为学术事业的后备力量，要立志于追求独创性。独创意味着独立和创造，没有独立精神，往往很难产生创造性的成果。1929年6月3日，在清华大学国学院导师王国维逝世二周年之际，国学院师生为纪念这位杰出的学者，募款修造"海宁王静安先生纪念碑"，同为国学院导师的陈寅恪先生撰写了碑铭，其中写道："先生之著述，或有时而不章；先生之学说，或有时而可商；惟此独立之精神，自由之思想，历千万祀，与天壤而同久，共三光而永光。"这是对于一位学者的极高评价。中国著名的史学家、文学家司马迁所讲的"究天人之际，通古今之变，成一家之言"也是强调要在古今贯通中形成自己独立的见解，并努力达到新的高度。博士生应该以"独立之精神、自由之思想"来要求自己，不断创造新的学术成果。

诺贝尔物理学奖获得者杨振宁先生曾在20世纪80年代初对到访纽约州立大学石溪分校的90多名中国学生、学者提出："独创性是科学工作者最重要的素质。"杨先生主张做研究的人一定要有独创的精神、独到的见解和独立研究的能力。在科技如此发达的今天，学术上的独创性变得越来越难，也愈加珍贵和重要。博士生要树立敢为天下先的志向，在独创性上下功夫，勇于挑战最前沿的科学问题。

批判性思维是一种遵循逻辑规则、不断质疑和反省的思维方式，具有批判性思维的人勇于挑战自己，敢于挑战权威。批判性思维的缺乏往往被认为是中国学生特有的弱项，也是我们在博士生培养方面存在的一个普遍问题。2001 年，美国卡内基基金会开展了一项"卡内基博士生教育创新计划"，针对博士生教育进行调研，并发布了研究报告。该报告指出：在美国和欧洲，培养学生保持批判而质疑的眼光看待自己、同行和导师的观点同样非常不容易，批判性思维的培养必须成为博士生培养项目的组成部分。

对于博士生而言，批判性思维的养成要从如何面对权威开始。为了鼓励学生质疑学术权威、挑战现有学术范式，培养学生的挑战精神和创新能力，清华大学在 2013 年发起"巅峰对话"，由学生自主邀请各学科领域具有国际影响力的学术大师与清华学生同台对话。该活动迄今已经举办了 21 期，先后邀请 17 位诺贝尔奖、3 位图灵奖、1 位菲尔兹奖获得者参与对话。诺贝尔化学奖得主巴里·夏普莱斯（Barry Sharpless）在 2013 年 11 月来清华参加"巅峰对话"时，对于清华学生的质疑精神印象深刻。他在接受媒体采访时谈道："清华的学生无所畏惧，请原谅我的措辞，但他们真的很有胆量。"这是我听到的对清华学生的最高评价，博士生就应该具备这样的勇气和能力。培养批判性思维更难的一层是要有勇气不断否定自己，有一种不断超越自己的精神。爱因斯坦说："在真理的认识方面，任何以权威自居的人，必将在上帝的嬉笑中垮台。"这句名言应该成为每一位从事学术研究的博士生的箴言。

提高博士生培养质量有赖于构建全方位的博士生教育体系

一流的博士生教育要有一流的教育理念，需要构建全方位的教育体系，把教育理念落实到博士生培养的各个环节中。

在博士生选拔方面，不能简单按考分录取，而是要侧重评价学术志趣和创新潜力。知识结构固然重要，但学术志趣和创新潜力更关键，考分不能完全反映学生的学术潜质。清华大学在经过多年试点探索的基础上，于 2016 年开始全面实行博士生招生"申请-审核"制，从原来的按照考试分数招收博士生，转变为按科研创新能力、专业学术潜质招收，并给予院系、学科、导师更大的自主权。《清华大学"申请-审核"制实施办法》明晰了导师和院系在考核、遴选和推荐上的权力和职责，同时确定了规范的流程及监管要求。

在博士生指导教师资格确认方面，不能论资排辈，要更看重教师的学术活力及研究工作的前沿性。博士生教育质量的提升关键在于教师，要让更多、更优秀的教师参与到博士生教育中来。清华大学从 2009 年开始探索将博士生导师评定权下放到各学位评定分委员会，允许评聘一部分优秀副教授担任博士生导师。近年来，学校在推进教师人事制度改革过程中，明确教研系列助理教授可以独立指导博士生，让富有创造活力的青年教师指导优秀的青年学生，师生相互促进、共同成长。

在促进博士生交流方面，要努力突破学科领域的界限，注重搭建跨学科的平台。跨学科交流是激发博士生学术创造力的重要途径，博士生要努力提升在交叉学科领域开展科研工作的能力。清华大学于 2014 年创办了"微沙龙"平台，同学们可以通过微信平台随时发布学术话题，寻觅学术伙伴。3 年来，博士生参与和发起"微沙龙"12 000 多场，参与博士生达38 000 多人次。"微沙龙"促进了不同学科学生之间的思想碰撞，激发了同学们的学术志趣。清华于 2002 年创办了博士生论坛，论坛由同学自己组织，师生共同参与。博士生论坛持续举办了 500 期，开展了 18 000 多场学术报告，切实起到了师生互动、教学相长、学科交融、促进交流的作用。学校积极资助博士生到世界一流大学开展交流与合作研究，超过60％的博士生有海外访学经历。清华于 2011 年设立了发展中国家博士生项目，鼓励学生到发展中国家亲身体验和调研，在全球化背景下研究发展中国家的各类问题。

在博士学位评定方面，权力要进一步下放，学术判断应该由各领域的学者来负责。院系二级学术单位应该在评定博士论文水平上拥有更多的权力，也应担负更多的责任。清华大学从 2015 年开始把学位论文的评审职责授权给各学位评定分委员会，学位论文质量和学位评审过程主要由各学位分委员会进行把关，校学位委员会负责学位管理整体工作，负责制度建设和争议事项处理。

全面提高人才培养能力是建设世界一流大学的核心。博士生培养质量的提升是大学办学质量提升的重要标志。我们要高度重视、充分发挥博士生教育的战略性、引领性作用，面向世界、勇于进取，树立自信、保持特色，不断推动一流大学的人才培养迈向新的高度。

邱勇

清华大学校长

2017 年 12 月

丛书序二

以学术型人才培养为主的博士生教育，肩负着培养具有国际竞争力的高层次学术创新人才的重任，是国家发展战略的重要组成部分，是清华大学人才培养的重中之重。

作为首批设立研究生院的高校，清华大学自20世纪80年代初开始，立足国家和社会需要，结合校内实际情况，不断推动博士生教育改革。为了提供适宜博士生成长的学术环境，我校一方面不断地营造浓厚的学术氛围，一方面大力推动培养模式创新探索。我校从多年前就已开始运行一系列博士生培养专项基金和特色项目，激励博士生潜心学术、锐意创新，拓宽博士生的国际视野，倡导跨学科研究与交流，不断提升博士生培养质量。

博士生是最具创造力的学术研究新生力量，思维活跃，求真求实。他们在导师的指导下进入本领域研究前沿，吸取本领域最新的研究成果，拓宽人类的认知边界，不断取得创新性成果。这套优秀博士学位论文丛书，不仅是我校博士生研究工作前沿成果的体现，也是我校博士生学术精神传承和光大的体现。

这套丛书的每一篇论文均来自学校新近每年评选的校级优秀博士学位论文。为了鼓励创新，激励优秀的博士生脱颖而出，同时激励导师悉心指导，我校评选校级优秀博士学位论文已有20多年。评选出的优秀博士学位论文代表了我校各学科最优秀的博士学位论文的水平。为了传播优秀的博士学位论文成果，更好地推动学术交流与学科建设，促进博士生未来发展和成长，清华大学研究生院与清华大学出版社合作出版这些优秀的博士学位论文。

感谢清华大学出版社，悉心地为每位作者提供专业、细致的写作和出版指导，使这些博士论文以专著方式呈现在读者面前，促进了这些最新的优秀研究成果的快速广泛传播。相信本套丛书的出版可以为国内外各相关领域或交叉领域的在读研究生和科研人员提供有益的参考，为相关学科领域的发展和优秀科研成果的转化起到积极的推动作用。

感谢丛书作者的导师们。这些优秀的博士学位论文，从选题、研究到成文，离不开导师的精心指导。我校优秀的师生导学传统，成就了一项项优秀的研究成果，成就了一大批青年学者，也成就了清华的学术研究。感谢导师们为每篇论文精心撰写序言，帮助读者更好地理解论文。

感谢丛书的作者们。他们优秀的学术成果，连同鲜活的思想、创新的精神、严谨的学风，都为致力于学术研究的后来者树立了榜样。他们本着精益求精的精神，对论文进行了细致的修改完善，使之在具备科学性、前沿性的同时，更具系统性和可读性。

这套丛书涵盖清华众多学科，从论文的选题能够感受到作者们积极参与国家重大战略、社会发展问题、新兴产业创新等的研究热情，能够感受到作者们的国际视野和人文情怀。相信这些年轻作者们勇于承担学术创新重任的社会责任感能够感染和带动越来越多的博士生，将论文书写在祖国的大地上。

祝愿丛书的作者们、读者们和所有从事学术研究的同行们在未来的道路上坚持梦想，百折不挠！在服务国家、奉献社会和造福人类的事业中不断创新，做新时代的引领者。

相信每一位读者在阅读这一本本学术著作的时候，在吸取学术创新成果、享受学术之美的同时，能够将其中所蕴含的科学理性精神和学术奉献精神传播和发扬出去。

清华大学研究生院院长

2018 年 1 月 5 日

导师序言

　　域名系统（DNS）是互联网重要的基础服务之一，除了完成域名和 IP 地址的相互转换以外，也是互联网 Web 应用、电子邮件、公钥基础设施和许多安全通信协议和信任机制的基础，它的安全与稳定运行是互联网及应用安全的基础保障，关系着用户的隐私与安全。因此，域名系统的安全与治理一直是国际学术界、工业界以及各国政府关注的重点，国际标准化组织（如 IETF）、互联网治理机构（如 ICANN）以及多国政府制定了保护域名系统安全和用户隐私的多项技术标准和管理规范。然而，这些技术和规范在互联网上的部署和执行情况如何、有哪些缺陷和障碍，此前系统化的测量和分析并不多见。

　　本论文完成时，陆超逸博士已经聚焦于域名系统安全技术的测量五年之久，现在仍然孜孜不倦地围绕域名系统安全开展研究。他对域名系统安全技术和域名治理体系进行了系统性的研究，不仅涵盖 DNSSEC、多种加密域名协议等技术的最新发展，还涉及域名注册、域名解析、域名查封等重要的治理环节。在大量国内外文献调研的基础上，进行了大规模、系统化的网络测量研究，主要做出了以下贡献：

　　（1）针对域名注册这一重要治理环节，提出域名注册数据的隐私保护技术制约了网络安全的许多基础研究。通过基于文本相似性特征的数据隐私合规性分析方法，分析了全球域名注册机构的隐私保护措施部署情况。更重要的是，对大量基于域名注册数据的工作进行定量分析，证实半数以上的安全研究将受到隐私保护措施的制约。据此，论文向政策和规范制定者、域名注册机构以及安全研究者提出了具体建议。

　　（2）对域名系统安全扩展和加密域名协议在互联网上的部署进行了系统化的测量和分析，指出了当前部署中的问题和安全缺陷。通过主被动结合的方法设计了大规模测量系统,首次对加密域名协议进行了系统化的测量研究。研究表明 DNSSEC 协议的部署率仍然较低、加密域名协议的部署在快速增长,但是存在无效证书等安全隐患,并据此向协议设计者、服务提供者以及互联网用户提出了具体的建议。

(3)针对互联网治理中的恶意域名查封技术开展了广泛的测量和大量的案例分析,发现恶意域名的监管机构缺乏透明性和指导规范,并且存在严重的安全漏洞。论文提出并设计了域名查封行为挖掘关联系统,证实基于域名黑洞的查封行为已成为一种常见的恶意域名监管实践。研究发现部分监管机构对域名黑洞的管理存在严重的安全漏洞,比如美国联邦调查局(FBI)维护的域名黑洞可以被攻击者接管并利用。这些发现可以帮助政策制定者和监管方提高安全措施。

陆超逸博士的研究成果发表在国际顶级的网络安全和网络测量学术会议上(如 NDSS、IMC 等),并且在相关的国际互联网治理机构(如 ICANN、IETF、DNS-OARC 等)和一些国家政府的政策管理部门产生了重要影响,得到国内外同行的高度认可。

最后,祝贺陆超逸博士在域名系统安全和测量领域研究中取得的创新贡献。本书的出版不仅对互联网和安全研究者提供了一个重要学术文献,也将成为网络安全政策制定者、域名监管相关的政府、企业的重要参考,推动域名系统安全技术和治理机制的进一步发展。

吴建平, 教授

中国工程院院士

清华大学网络研究院院长

中关村实验室主任

段海新, 教授

清华大学网络研究院

摘　要

　　域名是识别和定位计算机的字符标识，是构成国际互联网的关键基础资源。维护互联网域名体系的安全与稳健，是国际互联网稳定运行的重要保障。近年来，针对互联网域名体系的脆弱性，从三个层面形成了标准化的安全技术：一是在域名注册层面引入隐私保护技术，以应对注册数据中的个人信息泄露风险；二是在域名解析层面引入安全增强技术，以提供协议报文的保密性和完整性保障；三是在域名监管层面引入域名查封技术，以实现针对域名滥用和攻击行为的阻断。安全技术的实际应用构成了遏制域名安全风险的核心前提，然而相关协议和方案的部署态势和现实缺陷目前仍不清楚。本书对互联网域名体系安全技术进行测量研究，旨在为进一步治理域名安全风险提供规范建议。主要内容和贡献如下：

　　（1）针对域名注册隐私保护技术，提出基于文本相似性特征的数据隐私合规性分析方法，证实注册数据访问控制的广泛应用对网络安全基础研究产生普遍制约。首次对全球 256 个域名注册机构的隐私保护技术进行测量研究，发现大量域名注册数据不再公开可用；隐私保护规则存在缺陷，导致在依赖域名注册数据的网络安全基础研究中，需要进行调整的方案占比高达 69%。研究成果推动形成了域名注册隐私保护技术的改进提案，对制定未来的基础数据规范具有参考价值。

　　（2）针对域名解析安全增强技术，设计实现主被动方法结合的大规模测量平台，揭示域名安全协议的全球部署态势以及普遍存在的服务配置缺陷。首次对加密域名协议的全球部署规模和运行性能进行测量研究，发现服务规模过万且增长迅速，引入的额外查询时间仅为毫秒级别；然而，高达 57% 的服务存在部署无效数字证书等不当配置，影响协议的安全功能。此外，域名签名协议的部署率较低；几乎所有的递归域名服务器已开启源端口和消息序号随机化方案。研究成果获颁国际互联网社区重要奖项，促进了相关协议的进一步部署应用和标准的完善。

（3）针对域名监管中的查封技术，提出基于域名状态转移图的域名查封行为挖掘与关联方案，发现相关监管机构缺乏指导规范且存在严重的安全漏洞。首次对互联网域名查封行为的整体规模进行测量研究，共发现20余万个域名被强制指向监管机构维护的179个域名黑洞；然而，监管机构对恶意域名的认定和释放条件及依赖的网络基础设施均存在较大差异。此外，部分域名黑洞能够被接管，导致大量活跃的僵尸网络傀儡机可以被任意攻击者控制，存在严重的安全隐患。

关键词： 互联网域名体系；域名注册隐私；域名安全协议；域名滥用监管

Abstract

Domain names are human-readable identifiers of Internet hosts and serve as a cornerstone of the global computer network. Retaining security of the Domain Name System (DNS) is one of the pivotal requirements for proper functioning of the Internet. To mitigate security risks, the DNS has invented security technologies at multiple layers within its hierarchy that have become best practices. At the layer of domain registration, privacy protection measures have been applied to domain registration data, aiming at mitigating exposure of personal information. At the layer of domain resolution, secure versions of the DNS protocol have been proposed, aiming at providing confidentiality and integrity checks for DNS messages. At the layer of domain administration, domain take-down techniques have been designed, aiming at blocking access to malicious domain names and Internet resources. While the technologies are designed to effectively mitigate security risks associated with the DNS, it is still uncovered whether they have been generally deployed, as well as whether operational flaws exist and nourish new problems. This book presents a measurement study of security technologies within the DNS hierarchy and makes multi-faceted suggestions for improving them. This book claims the following contributions:

1. Measurement methodology and results on privacy protection measures of domain registration data. Leveraging textual similarity features, this book proposes novel methodology on checking data compliance to privacy protection regulations. For the first time, we show by analy-

sis on 256 global registry operators and registrars that access control measures have been aggressively deployed, causing significant redaction in domain registration data. However, current privacy protection technologies are flawed from the perspective of security research, as up to 69% of methodology built on domain registration data should be re-engineered. The results call for refinement proposals on privacy protection technologies and provide guidance to making future data processing regulations.

2. Measurement methodology and results on secure DNS protocols. On a hybrid of passive and active methods, this book establishes a large-scale global measurement platform. For the first time, we show that the deployment and usage of encrypted DNS protocols grow significantly, and that encryption only adds marginal DNS query overhead of several milliseconds. However, prevalent misconfigurations prevent the full functioning of secure DNS protocols, e.g., 57% of all encrypted DNS servers are equipped with invalid TLS certificates. We also show that DNSSEC deployment is still scarce, and that almost all recursive resolvers already adopt randomized ephemeral ports and transaction IDs to defend off-path injection attacks. The results have been awarded by the global Internet society, for pushing forward the deployment and refinement of secure DNS protocols.

3. Measurement methodology and results on domain take-down techniques. Leveraging status transition graphs of domain names, this book proposes novel methodology on identifying domain take-down practices executed by authorities. For the first time, we show that over 200,000 domain names on the Internet have been taken-down and resolved to 179 sinkholes. However, take-down techniques of authorities differ significantly regarding the detection and releasing profiles of malicious domain names, as well as infrastructure that supports sinkholes. Far worse, several expired sinkholes, together with all malicious domain names resolving to them, can be taken-over because of flawed management. Through

actual take-over practices of sinkholes, we prove that any attacker can thus grasp control over a significant number of compromised Internet hosts.

Keywords: DNS hierarchy; domain registration privacy; secure DNS protocols; domain abuse prevention

符号和缩略语说明

RFC	征求建议书（request for comments）
IETF	互联网工程任务组（internet engineering task force）
IRTF	互联网研究任务组（internet research task force）
ICANN	互联网名称与数字地址分配机构（internet corporation for assigned names and numbers）
DNS	域名系统（domain name system）
TLD	顶级域（top-level domain）
gTLD	通用顶级域（generic top-level domain）
ccTLD	国家顶级域（country code top-level domain）
SLD	二级域（second-level domain）
CNAME	规范名称（canonical name）
NS	域名服务器（nameserver）
IP	互联网协议（internet protocol）
AS	自治系统（autonomous system）
RTT	往返时延（round-trip time）
TCP	传输控制协议（transmission control protocol）
UDP	用户数据报协议（user datagram protocol）
TLS	传输层安全协议（transport layer security）
HTTP	超文本传输协议（hyper text transfer protocol）
HTTPS	超文本传输安全协议（HTTP over TLS）

URI	统一资源标识符（uniform resource identifier）
URL	统一资源定位符（uniform resource locator）
DoT	基于传输层安全的域名协议（DNS over TLS）
DoH	基于超文本传输安全的域名协议（DNS over HTTPS）
DNSSEC	域名系统安全扩展（domain name system security extensions）
WHOIS	注册数据请求响应协议
GDPR	通用数据保护条例（general data protection regulation）
EEA	欧洲经济区（european economic area）
DBSCAN	基于密度的有噪声应用空间聚类（density-based spatial clustering of applications with noise）
NER	命名实体识别（named entity recognition）

目　录

第 1 章 引　言

1.1　研　究　背　景

域名（domain name）是互联网上识别和定位计算机的层次结构式的字符标识。实现域名与 IP 地址等互联网资源之间的映射，是进行几乎所有互联网活动的首要条件。截至 2021 年第三季度，全球域名保有量已超过 3.6 亿个[1]，构成了国际互联网的关键基础资源。维护全球唯一的域名空间（domain name space）、健全互联网域名的管理和功能体系，是保障国际互联网稳定运行和防止国际互联网分裂的重要前提。《"十四五"信息通信行业发展规划》[2] 将规范域名的注册使用、加强域名服务安全保障能力建设纳入发展重点，聚焦全面增强互联网基础管理能力，着力防范遏制重特大网络安全事件。

互联网域名体系由一系列机构、主机、协议和规范构成，根据对应功能划分为三个层面：一是域名注册（register）层面，主要包含互联网名称与数字地址分配机构（Internet Corporation for Assigned Names and Numbers，ICANN）、域名注册机构和注册数据服务器等，用于实现域名注册信息的收集和存储，对应域名的分配功能；二是域名解析（resolve）层面，主要包含域名服务器和域名协议等，用于实现域名与互联网资源之间映射关系的维护和查询，对应域名的检索功能；三是域名监管（administer）层面，主要包含政府部门和网络安全研究机构等，用于实现对涉及互联网攻击行为的域名进行检测和阻断，对应域名的撤销功能。各层面实体共同维护全球唯一的域名空间，保障相关功能的高效平稳运行。

互联网域名体系面临安全威胁。长期以来，互联网域名安全事件频发，催生多种现实网络安全威胁，暴露出互联网域名体系中存在的一系列脆弱性。在域名注册层面，注册机构对域名持有人信息（例如姓名、电话、邮寄地址等）的广泛收集面临隐私泄露风险，曾诱发多起大规模注册数据窃取事件[3-4]。2021 年，"匿名者"黑客组织从域名注册商 Epik 处窃取了超过 1500 万条域名注册人的电子邮件地址，相关个人信息面临被滥用的安全风险[5]。在域名解析层面，普通域名报文采用基于用户数据报协议（user datagram protocol，UDP）的明文传输模式，缺乏消息保密性和完整性保障，易遭受报文劫持[6-7]和流量嗅探[8]攻击。由斯诺登曝光的多项美国国家安全局秘密计划[9-10]亦证实，针对域名报文的大规模劫持和嗅探已被应用于国家层面的网络安全行动。在域名监管层面，域名滥用问题日益突出，大量域名被用于僵尸网络控制调度[11-12]、钓鱼欺诈[13-14]、展示违法信息[15-16]等互联网攻击行为。然而，长期以来的学术研究和域名监管实践大多集中于对多种滥用行为的识别和检测，缺乏统一技术在全球互联网范围内实现对恶意域名的访问阻断。

近年来，为治理域名安全风险、保障域名空间的稳健，在互联网域名体系中设计引入了一系列安全技术。具体地，根据对应体系层面，将已形成标准化最佳安全实践（best security practice）的三方面安全技术总结如下：

1. 域名注册隐私保护技术

根据域名注册的有关规定[17-18]，域名持有人需提供准确的姓名、电话、邮寄地址等个人信息，构成域名注册数据。随着数据窃取事件的频发和国家层面数据安全法律的相继出台，有必要对域名注册数据进行隐私保护。相应地，ICANN 于 2018 年制定并公布《通用顶级域（generic top-level domain，gTLD）注册数据临时规范》[19]，明确全球域名注册机构需对注册数据中包含的个人信息进行访问控制和匿名化处理。此外，域名注册数据长期以来被大量网络安全基础研究依赖，广泛应用于网络欺诈检测、网络犯罪溯源等业务。公开资料[20-22]虽曾论证隐私保护技术对网络安全业务产生的负面影响，但缺乏系统性的定量分析。全球域名注册机构是否按规范妥善保护个人信息、隐私保护技术如何影响网络安全基础研究，目前仍不清楚。

2. 域名解析安全增强技术

域名协议标准形成于 1987 年，采用基于 UDP 的明文传输模式，具有出色的运行性能。为弥补普通域名协议安全特性的缺失，设计提出了一系列域名解析安全增强技术：加密域名协议（包含基于传输层安全的域名协议（DNS-over-TLS，DoT）[23] 和基于超文本传输安全的域名协议（DNS-over-HTTPS，DoH）[24]）在客户端和域名服务器间建立加密信道实现域名报文传输，提供消息保密性保护；域名签名协议（即域名系统安全扩展（domain name system security extensions，DNSSEC）协议[25]）通过数字签名算法实现对响应报文的验证，提供消息完整性保护；域名报文随机性增强方案（包含随机源端口和消息序号[26]，以及域名 0x20 编码[27]）通过提升响应报文伪造难度有效缓解多种域名劫持攻击。各相关安全协议和方案，特别是起步较晚的协议和方案的实际部署应用态势如何及其在互联网环境中存在怎样的现实缺陷，目前仍不清楚。

3. 域名监管中的查封技术

域名作为互联网的关键基础资源，在被应用于合法业务的同时，也被大量互联网攻击行为所利用。针对日益频发的域名滥用行为，引入了查封（take-down，又称 seizure）技术[28] 对恶意域名进行阻断和撤销。具体地，监管机构维护域名黑洞（sinkhole），将恶意域名强制解析至安全的受控主机，使得其原始指向的恶意互联网资源（例如钓鱼欺诈网站）在全球互联网范围内均无法被访问。然而，有关域名查封行为的公开资料极少，可能导致域名被重复查封等不良后果[29]；监管机构对恶意域名的认定规则不明，例如美国司法部曾于 2021 年以散播虚假消息为由查封伊朗媒体域名[30-31]，引发广泛争议。互联网中有多少域名已被监管机构查封及对于恶意域名的认定规则和管理维护是否存在安全漏洞，目前仍不清楚。

安全技术测量研究具有现实意义。互联网域名体系在各组成层面引入的安全技术，形成了一系列互联网标准、行业规范和最佳安全实践，构成了遏制域名安全风险的核心前提。然而，相关协议和方案的部署应用态势和现实缺陷、能否有效治理域名安全风险，目前仍不清楚。对互联网域名体系安全技术进行大规模、系统性的测量研究，具有以下方面的实际意义：一是通过测量相关协议和方案的部署应用现状，可以分析其近年来成功得到普及或长期推广不力的具体原因；二是通过识别域名服务提供者的错误配置和管理漏洞，能够发现各相关协议和方案的现实缺陷，揭示不规范的部署应用面临的安全风险；三是基于测量研究结果，能够从协议和规范制定者、域名管理和服务提供者、互联网用户、网络安全研究者等相关实体的角度为进一步治理域名安全风险、保障互联网域名体系的稳健提供规范建议。

1.2 研 究 内 容

本书以互联网域名体系安全技术作为研究对象，对相关协议和方案的部署应用现状和现实缺陷进行测量研究，旨在为进一步治理域名安全风险提供规范建议。当前，国际互联网域名空间内有数亿域名投入使用，由全球数千域名注册机构、数百万域名服务器和其他实体参与维护并提供功能，构成全球最大的开放分布式数据库。从这一研究角度出发，本书总结出如下关键科学问题：如何通用表征分布式网络数据库查询检索过程的安全与隐私属性，并分析其脆弱性？基于上述问题，根据互联网域名体系框架和安全技术对应的体系层面，总结得出本书的以下主要研究内容：

1. 互联网域名体系技术框架

本书对互联网域名空间进行建模，基于集合论和代数理论给出有关概念和定义。基于分布式网络数据库的思想，建立互联网域名体系的技术框架，对各层面实体的主要功能、面临的安全脆弱性和引入的安全技术进行形式化描述。进一步地，提出本书的主要研究问题，为后续研究内容提供理论支撑。

2. 域名注册隐私保护技术测量研究

在域名注册层面，关于域名注册隐私保护技术的规范于 2018 年提出，供全球域名注册机构参照执行。然而，尚未有工作系统性分析全球域名注册机构对于数据访问控制的执行情况和域名注册数据缺失对网络安全基础研究的负面影响。本书采用数据驱动的设计思路，提出并实现了基于文本相似性特征的数据隐私合规性分析系统，对全球域名注册机构的数据隐私保护技术进行测量研究。在此基础上，通过对近年发表的网络空间安全相关文献进行收集和分类，定量分析域名注册隐私保护技术对网络安全基础研究产生的制约。

3. 域名解析安全增强技术测量研究

在域名解析层面，相关安全增强协议和方案于 2005 年至 2018 年陆续形成，近年来均得到了工业界的大力推广和广泛的软件实现。本书提出并实现了针对域名解析安全增强技术的主被动方法结合的大规模测量系统，对各相关协议和方案的部署应用情况、服务质量和性能开销进行分析和对比。在此基础上，本书通过发起全球大规模域名解析交互，识别相关协议和方案在应用中暴露的现实缺陷和安全风险。

4. 域名监管中的查封技术测量研究

在域名监管层面，针对域名查封的一般规范于 2012 年形成。然而长期以来，监管机构的域名查封行为存在高度不透明性，对恶意域名的认定标准不清晰；外界极难准确判断恶意域名的当前状态及相关安全风险是否已被缓解。本书采用数据驱动的设计思路，提出并实现了基于域名状态转移图的域名查封行为挖掘与关联系统。在此基础上，本书通过观察被查封域名的类别和历史状态，分析各机构的域名监管策略，揭示了域名查封技术中存在的安全漏洞。

1.3　主　要　贡　献

本书的主要贡献包含以下三方面：

1. 针对域名注册隐私保护技术，提出基于文本相似性特征的数据隐私合规性分析方法，证实注册数据访问控制的广泛应用对网络安全基础研究产生普遍制约

本书首次提出并实现了基于文本相似性特征的数据隐私合规性分析系统，共分析了全球 256 个域名注册机构，证实超过 85% 的机构已按照现行规范要求对其管辖的个人信息进行访问控制。同时发现部分机构尚未部署隐私保护技术，或者设置过于严格的规则导致数字证书签发、网站漏洞披露等网络安全业务无法进行。此外，由于技术规范预留的执行时间过短，全球机构普遍超前保护了所有域名的注册数据，导致大规模的公开基础数据损失。本书对 2005 年以来发表的 4304 项学术论文进行的定量分析表明，网络安全基础研究对公开域名注册数据的依赖程度呈现逐年上升的趋势；然而，以域名注册数据作为输入的研究方案中，高达 69% 的工作将受到隐私保护技术的制约，需要进行局部调整、重新设计或寻找替代数据源。本书根据主要结论，向政策和规范制定者、域名注册机构以及网络安全研究者等方面提出了具体建议。

相关研究成果发表于 ISOC NDSS 2021 会议（网络空间安全领域国际顶级学术会议，TH-CPL 列表推荐 A 类会议）。研究成果得到多家权威网络安全机构报道，例如欧洲理事会网络犯罪项目办公室（Cybercrime Programme Office of the Council of European，C-PROC）[32]、瑞典国家计算机安全响应中心（Computer Emergency Response Center of Sweden，CERT-SE）[33] 等。研究成果同时推动形成了针对现行隐私保护规范的改进提案，部分结论被引用于网络安全研究机构致 ICANN 关于域名注册数据管理的调查报告和建议函[34]。

2. 针对域名解析安全增强技术，设计实现主被动方法结合的大规模测量平台，揭示域名安全协议的全球部署态势以及普遍存在的服务配置缺陷

本书提出并实现了主被动方法结合的大规模测量系统，分析了相关安全增强协议和方案的部署应用现状。首次对加密域名协议进行测量研究，发现其自形成标准以来的部署应用规模扩展迅速，域名服务器数量和协议流量均存在明显增长。在服务质量和性能开销方面，本书证实加密域名协议的整体查询成功率高于普通域名协议，且在复用连接时仅带来毫秒级别的额外查询时间。针对域名签名协议，本书发现其部署规模虽有小幅增长，但截至 2022 年（即协议标准形成 15 年后），域名签名率仅为 3.4%，仍然低于预期。针对域名报文随机性增强方案，发现占比超过 99% 的递归域名服务器都使用随机源端口和消息序号，具备一定的消息完整性保障。此外，各协议在实际部署时普遍存在使用无效数字证书、连接超时管理不当等配置缺陷，可能导致域名解析失败或安全防护功能失效，需要及时进行修正。根据主要结论，向协议设计者、服务提供者以及互联网用户等方面提出了具体建议。

相关研究成果发表于 ACM IMC 2019 会议（互联网测量领域国际顶级学术会议，TH-CPL 列表推荐 A 类会议），同时获得会议最佳论文奖提名和社区贡献奖提名。研究成果有力推动了域名安全协议的部署与应用，获得由国际互联网研究任务组（Internet Research Task Force，IRTF）颁发的应用网络研究奖（Applied Networking Research Prize，ANRP）。研究成果同时促进了域名协议标准的完善，转化为国家通信行业标准一项[①]；部分结论被国际互联网标准文档 *RFC 9076: DNS Privacy Considerations*[8] 和 ICANN 域名安全和稳定性规范文档 *SAC 109: The Implications of DNS over HTTPS and DNS over TLS*[35] 引用。

3. 针对域名监管中的查封技术，提出基于域名状态转移图的域名查封行为挖掘与关联方案，发现相关监管机构缺乏指导规范且存在严重的安全漏洞

本书首次提出并实现了基于域名状态转移图的域名查封行为挖掘与关联系统，共检出 179 个活跃的域名黑洞和 206 199 个被查封的二级域名，证实了基于域名黑洞的查封行为已成为一种常见的域名监管实践。对监管机构进行分类，发现网络安全公司（例如 Microsoft、AnubisNetworks 等）是目前最主要的参与域名查封业务的监管机构，其维护的域名黑洞数量占比超过 45%。本书还对被查封域名进行分类分析，发现用于僵尸网络调度的算法生成（domain generation algorithm，DGA）域名为当前监管机构的重点打击对象，占所有被查封域名的 80.6%。然而，监管机构对恶意域名的认定标准和释放条件及依赖的网络基础设施均存在较大差异。域名查封行为呈现自发性特点，反映出指导规范的缺乏。此外，本书发现部分监管机构（例如 Netscout 公司、美国联邦调查局 FBI 等）对域名黑洞的管理存在严重的安全漏洞，其维护的多个域名黑洞已过期并可被任何个人或机构接管。通过实际的过期域名黑洞接管实践，证实网络攻击者能够以较低成本控制大量活跃的僵尸网络傀儡机。根据主要结论，向政策和规范制定者以及域名监管机构等方面提出了具体建议。

---

① 《域名系统解析数据加密传输技术要求》，中华人民共和国通信行业标准（标准号：YD/T 4712—2024，2024 年 3 月发布）。

1.4　组织结构

　　全书共包含七章，按照图 1.1 所示的结构进行组织。第 1 章为引言，论述互联网域名体系安全技术的研究背景、本书的研究内容和主要贡献，并给出全书的组织结构。第 2 章基于互联网域名体系的各组成层面，对近年来发表的相关安全研究进行梳理和总结。第 3 章建立互联网域名体系技术框架，给出有关概念和问题的形式化表示，为本书的主要研究内容提供理论基础。第 4 章针对域名注册隐私保护技术提出合规性分析系统，对数据访问控制规则的应用情况进行测量研究。第 5 章针对域名解析安全增强技术实现大规模测量平台，对相关协议和方案的部署现状进行测量研究。第 6 章针对域名监管中的查封技术提出挖掘与关联方案，对域名查封行为规模进行测量研究。第 7 章总结本书的主要内容，并对未来的研究工作进行展望。

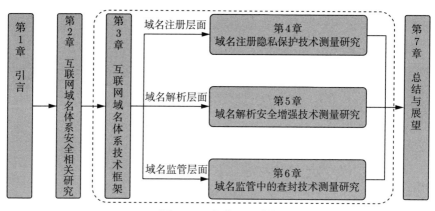

图 1.1　全书组织结构

第 2 章　互联网域名体系安全相关研究

2.1　本 章 引 论

本书围绕互联网域名体系的三个组成层面对安全技术进行测量研究，相应地，也从域名注册层面、域名解析层面和域名监管层面对互联网域名体系安全相关研究进行了梳理和总结。首先，总结域名注册安全研究现状，包含域名空间扩展和域名注册管理相关工作；其次，总结域名解析安全研究现状，包含域名解析安全风险和域名解析安全增强技术相关工作；最后，总结域名监管安全研究现状，包含域名滥用行为和域名滥用检测相关工作。

本章后续内容的组织结构如下：2.2 节总结域名注册安全研究现状；2.3 节总结域名解析安全研究现状；2.4 节总结域名监管安全研究现状；2.5 节为本章内容小结。

2.2　域名注册安全研究现状

本节从域名空间（即域名注册范围）扩展和域名注册管理的角度出发，总结了域名注册安全研究现状。

2.2.1　域名空间扩展相关研究

根据互联网域名空间的早期定义[36]，域名仅允许由英文字母字符、数字字符和连字符构成，且域名空间中仅存在 7 个顶级域名，导致互联网主机的命名方式受到普遍限制。近年来，互联网名称与数字地址分配机构对域名空间进行了两次大规模扩展，开放了新通用顶级域和国际化域名注册业务，以满足日益增长的主机命名多样化和互联网全球化需求。然而，域名空间扩展同时导致网络攻击面扩大，针对域名的新型攻击方法因此产生。根据域名空间的具体扩展范围和规则，相关研究总结如下。

1. 新通用顶级域

为满足顶级域名的多样性需求，ICANN 于 2000—2004 年开放数十个新通用顶级域（new generic top-level domain，new gTLD，例如 .biz、.mobi 等）的试运行，并于 2011 年正式启动新通用顶级域计划（new gTLD program）。截至 2022 年 5 月，超过 1400 个顶级域名[37] 已被投入使用，互联网域名空间得到大规模的扩展。

（1）运行情况测量

作为案例分析，Halvorson 等[38] 于 2012 年对 .biz 顶级域的运行情况进行了测量研究，发现即使距离 .biz 新通用顶级域开放注册已过去十年，占比约 20% 的 .biz 二级域名仍然处于停放（parking）状态，另有约四分之一的二级域名单纯因防止商标侵权而被注册。类似地，Halvorson 等[39] 于 2014 年对 .xxx 顶级域的运行情况进行了测量研究，发现其下占比超过 80% 的二级域名并未配置域名解析服务和投入使用。为进行系统性分析，Halvorson 等[40] 于 2015 年将测量范围扩展至全部已注册的 new gTLD，发现多数二级域名仍然未配置解析或处于停放状态，再次证实新开放注册的域名并未得到广泛的实际应用。上述研究表明，ICANN 通过开放 new gTLD 进行域名空间的扩展，并未完全达到预期效果。

（2）安全风险

新通用顶级域的开放主要引入两方面的安全风险，即域名空间冲突（namespace collision）和域名滥用行为（domain abuse）。针对域名空间冲突，Chen 等[41] 于 2016 年提出攻击模型，其原理是 new gTLD 的开放可能与某些机构或企业内部的主机命名空间产生冲突，因此当内部的域名查询报文泄露至公网时，攻击者可通过在互联网域名空间注册被查询域名实现对互联网上层应用的劫持。进一步地，Chen 等[42] 于 2017 年再次对域名空间冲突攻击进行系统性分析，发现一系列互联网上层应用（例如时间服务、Web 服务、身份认证服务、数据库服务等）可能受到威胁。针对域名滥用行为，Korczyński 等[43] 于 2018 年发现 new gTLD 下的二级域名被用于实施网络诈骗的比例较传统顶级域高出 10 倍，因此需要相关域名注册机构引入针对域名滥用的监管机制。

2. 国际化域名

为满足互联网全球化需求，国际化域名（internationalized domain names，IDN）标准[44]于 2003 年形成，允许域名包含非 ASCII 字符（例如中文字符、德文字符等）。同时提出 Punycode 编码[45]实现国际化域名与传统域名的相互转换，以保障 IDN 与域名协议的兼容性。截至 2022 年 5 月，互联网域名空间中已注册超过 130 个国际化顶级域名[37]，且普遍允许二级域名中包含非 ASCII 字符。

（1）运行情况测量

Liu 等[46]于 2018 年对国际化域名的保有量和访问量进行了测量研究，共发现 140 万 IDN 已被注册，且注册量近年来存在增长趋势；他们还证实大量 IDN 为投机性（opportunistic）注册，并未指向有意义的网站或实际投入使用。Le Pochat 等[47]于 2019 年对国际化域名的注册意图进行测量研究，发现近一半的 IDN 单纯因防止商标侵权而被注册，另有占比约 35％的 IDN 属于投机性注册，因此目前 IDN 的实际利用率仍然低于预期。

（2）安全风险

国际化域名的开放主要引入域名滥用方面的安全风险，尤其是同形异义域名（homographic domain）的滥用。同形异义域名指与知名域名的视觉效果相似但实际不同的域名（例如 example.com 和 ҽxample.com，后者使用拉丁文扩展字母 ҽ 代替英文字母 e），常被用于发起网络钓鱼攻击。Holgers 等[48]于 2006 年最初提出同形异义域名滥用概念，并预测其将逐渐被网络攻击者利用。近年来，一系列工作证实同形异义域名滥用已成为一种普遍的安全风险：Liu 等[46]于 2018 年设计了基于视觉相似性特征的同形异义域名检测方法，共识别 1516 个和知名域名高度相似的同形异义域名和多达 42 671 个未注册的潜在同形异义域名，证实了网络攻击者拥有巨大的域名注册空间；Sawabe 等[49]于 2019 年提出使用光学字符识别（optical character recognition，OCR）的方法检测同形异义域名。在此基础上，Suzuki 等[50]于 2019 年结合视觉相似性特征和域名注册特征，设计了同形异义域名自动化检测框架，识别出近 4000 个可能用于网络钓鱼攻击的域名。

2.2.2　域名注册管理相关研究

根据域名注册相关规范[17,51]，互联网用户需向经 ICANN 授权的域名注册机构申请，提供真实有效的域名注册数据，通过标准流程完成域名注册。根据域名注册管理的具体要素，相关研究总结如下。

1. 域名注册数据管理

域名注册机构需收集注册人的联系信息（contact information，例如姓名和电话）和域名的技术信息（technical information，例如权威域名服务器名称），形成域名注册数据并保存，以完成域名的注册。域名注册机构维护管辖域名的注册数据，构建大规模分布式数据库，并通过 WHOIS协议提供公开查询服务。然而，各机构针对域名注册数据的管理仍然缺乏统一规范，呈现出碎片化的特点：Clayton 等[52] 于 2014 年发现由于部分机构缺少对域名注册数据的验证环节，互联网用户可以通过提供虚假联系信息完成域名注册，将域名投入非法用途（例如违禁品销售）并逃避监管；Liu 等[53] 于 2015 年对超过 1 亿条域名注册数据进行了分析，证实不同域名注册机构采用的数据存储格式存在差异，并设计了基于统计特征的自动化域名注册数据解析算法。此外，公开的域名注册数据面临被网络攻击者滥用的风险（例如网络钓鱼攻击者向域名注册数据中的电子邮件地址发送垃圾信息）：Leontiadis 等[54] 于 2014 年通过对滥用规模进行定量分析发现，域名注册数据中占比高达 70%的电子邮件地址可能成为网络攻击目标。上述研究推动技术社区制定新型域名注册数据访问协议（registration data accessing protocol，RDAP）标准[55] 和域名注册隐私保护技术[19]。

2. 域名的过期和抢注

域名的过期（expiration）是指当域名超过注册期限且未被续费时，将其管理权和解析权进行释放的过程。域名一旦过期即可被任何个人或机构重新注册，因此催生了过期域名抢注（re-registration）业务，并可能存在滥用行为。根据具体安全风险类别，相关研究总结如下。

（1）域名的过期抢注和滥用

一系列研究表明，存在大量机构从事域名过期抢注业务，即当域名因过期被释放后，立即对其进行重新注册：Lauinger 等[56] 于 2016 年通过对 740 万过期域名的注册状态进行长期跟踪研究发现，大量域名在过期释放后短期内即被重新注册，尤其是创建时间较早、信誉度较高的域名；Lauinger 等[57]于 2017 年发现占比超过 80% 的过期域名抢注行为由专业机构通过大量域名注册接口发起，证实域名抢注业务存在激烈竞争，具有强烈的市场需求。在抢注域名滥用方面，Lever 等[58]于 2016 年通过长达六年的测量研究发现，超过 25 万个曾被恶意软件使用或被黑名单标记的域名在过期后被重新注册并用于恶意用途。

（2）域名过期管理

过期域名经域名注册机构删除后即被释放。出于域名抢注业务的强烈市场需求，常有抢注机构尝试对域名的过期删除机制进行逆向分析。Lauinger 等[59]于 2018 年通过对过期域名列表和域名状态的跟踪研究证实，域名注册机构针对 .com 二级域名的具体删除时刻是可预测的，并发现高达 9.5% 的抢注行为发生在域名被删除后 0 秒（即域名被删除后立即被重新注册）。此外，不规范的域名过期删除机制可能导致隐蔽的域名劫持攻击：Akiwate 等[60]于 2021 年发现部分域名注册机构的过期删除机制存在安全漏洞，在过去 9 年时间内可能已经导致多达 16 万个域名被劫持。

2.3　域名解析安全研究现状

本节从域名解析安全风险和域名解析安全增强技术的角度出发，总结了域名解析安全研究现状。

2.3.1　域名解析安全风险相关研究

根据域名协议标准[61]，域名报文在传输层采用基于 UDP 协议的明文传输模式。域名协议由于缺乏保密性和完整性保护，面临报文劫持、流量嗅探等安全风险。根据具体风险类别和攻击方法，相关研究总结如下。

1. 旁路注入

旁路注入（off-path injection）的攻击模型最初由 Schuba[62]于 1993 年提出，指攻击者在无法观察到域名服务器发出的查询报文的情况下，伪造含有虚假资源记录的域名响应，以实现报文劫持。旁路注入使得域名服务器和客户端接受虚假的域名响应报文，进而将互联网上层应用引导至错误的主机，构成最严重的互联网安全威胁之一。

（1）基于暴力猜解的旁路注入

在域名解析过程中，域名服务器使用若干字段值将其发出的查询报文和接收的响应报文进行对应，包含 IP 地址、端口和域名消息序号。攻击者若能成功猜解上述字段值即可注入虚假的域名响应报文，其中最简单的猜解方式即为暴力猜解（brute force）。早期的域名服务器软件仅对域名报文中的消息序号字段值进行随机化处理。由于域名消息序号定义为 16 位无符号数，攻击者在真实域名响应到达域名服务器之前，至多猜解 65 536 次即可成功实现攻击。在此基础上，Sacramento[63] 于 2002 年通过生日攻击（birthday attack）猜解随机域名消息序号，使得攻击者仅需伪造数百个响应报文即可达到近 100% 的成功率，极大降低了攻击成本。Kaminsky[64] 于 2008 年通过暴力猜解注入虚假胶水记录（glue record）实现对二级域名的整体劫持，影响了几乎所有的域名服务器软件和互联网上层应用；Son 等[65] 于 2010 年分析域名服务器对域名响应的合法性检查机制，给出了多个域名响应的伪造规则。上述研究推动域名报文随机性增强相关方案的形成，例如同时使用随机源端口和域名消息序号[26]，以增加暴力猜解的攻击成本。

（2）基于 IP 报文分片的旁路注入

当网络层 IP 报文需要进行分片时，第二分片不携带传输层或应用层协议头字段，例如端口和域名消息序号等可能存在随机成分的字段。因此，通过强制令合法域名响应的 IP 报文分片（fragmentation），并注入伪造的第二分片使之与合法响应的第一分片重组，即可绕过随机字段值猜解实现报文劫持。在攻击技术方面，Herzberg 等[66-68] 和 Shulman 等[69] 于 2012 至 2014 年提出通过增大域名响应报文实现强制分片；Brandt 等[70] 于 2018 年提出通过降低链路最大传输单元（path maximum transmission unit，PMTU）实现强制分片；Zheng 等[71] 于 2020 年提出通过构造域名别名（canonical name，CNAME）资源记录链条实现强制分片。同时，一系列工作通过基于 IP 分片的旁路注入实现了对互联网上层安全应用的干扰：Brandt 等[70] 于 2018 年通过向数字证书签发机构（certificate authority，CA）的域名服务器注入虚假域名响应报文，可以绕过身份认证机制实现任意数字证书的签发；Dai 等[72]于 2021 年通过向互联网运营商的域名服务器注入虚假域名响应报文，实现劫持互联网资源的管理账户并窃取 IP 地址和域名的控制权。进一步地，Dai 等[73]于 2021 年实现了基于 TCP 协议传输的域名报文分片，提出当 UDP 域名报文受 IP 分片攻击威胁时不宜直接转用 TCP 协议。上述研究推动技术社区制定禁止域名报文分片的最佳实践（目前仍处于草案阶段[74]），并促使他们设计新型域名安全协议。

（3）基于网络侧信道的旁路注入

当域名报文同时使用随机源端口和域名消息序号（均定义为 16 位无符号数）时，攻击者的猜解范围扩大至 2^{32} 种取值，发起基于暴力猜解的旁路注入攻击较为困难。然而，通过网络侧信道（side channel）的方式对源端口进行探测，可使针对两个随机字段值的猜解任务退化为针对一个随机值的普通暴力猜解攻击。具体地，Man 等[75]于 2020 年提出了可以向域名服务器的各端口发送 UDP 探测报文，根据返回的 ICMP 消息数量构建侧信道，识别用于发送域名查询报文的源端口；Man 等[76]于 2021 年再次提出可以向域名服务器发送 ICMP 错误报文，根据链路状态构建侧信道，识别用于发送域名查询报文的源端口。上述研究推动了主流操作系统和域名服务器软件对 ICMP 消息发送和处理的流程进行优化。

（4）基于域名报文注入的互联网审查机制

在国家层面的互联网审查机制（censorship）中，通过注入虚假的域名响应报文，可以实现阻断互联网用户对特定网站的访问。已有多项研究证实报文注入在互联网审查机制中的普遍应用：Aryan 等[77]和 Nabi 等[78]于 2013 年分别证实报文注入被用于伊朗和巴基斯坦的互联网审查机制；Pearce 等[79]于 2017 年对全球域名服务器的审查机制进行大规模测量研究，发现位于伊朗、印度尼西亚、伊拉克等国家境内的域名服务器对敏感域名（例如涉黄涉赌域名、P2P 下载域名等）进行了不同程度的阻断；Niaki 等[80]于 2020 年通过搭建基于虚拟专用网络（virtual private network，VPN）的大规模测量平台，对 60 个国家（地区）基于报文注入的互联网审查策略进行了长期测量和对比研究。此外，匿名研究人员[81]于 2012 年发现，基于报文注入的互联网审查会造成附带性损伤（collateral damage），即影响非互联网审查地区的正常域名解析。作为报文注入的防御，Duan 等[82] 于 2012 年提出"Hold-on"方案，即域名服务器在接收第一个（被注入的）域名响应报文后进行等待，直到接收并采用第二个（合法的）域名响应报文作为解析结果。

2. 域名解析路径劫持

域名解析路径是指在一次目标资源记录查询任务中，域名查询和响应报文经过的域名服务器和网络设备序列。域名解析路径劫持（resolution path hijacking）是指攻击者在域名解析路径上实现对域名报文的篡改，达到劫持网页流量、窃取账号密码等目的。

（1）客户端配置篡改

接入互联网的客户端可通过修改操作系统配置，指定负责进行域名解析的服务器地址，例如 Google Public DNS[83]、Cloudflare DNS[84] 等大型公共域名解析服务。为实现报文劫持，攻击者诱导客户端下载流氓软件（potentially unwanted program，PUP），篡改操作系统配置，将客户端发出的域名查询报文强制发送至恶意域名服务器。Dagon 等[85] 于 2008 年提出了客户端配置篡改的攻击模型，并检测出数百个包含此类流氓软件的网页链接。近年来，基于客户端配置篡改的域名劫持攻击事件依然频发：2018 年，攻击者通过 DNSChanger 软件篡改了巴西境内超过 10 万台家用路由器的域名配置，实现域名解析劫持并窃取账号密码[86]；2019 年，中国互联网络信息中心（China Internet Network Information Center，CNNIC）报告境内大量家用路由器的配置遭到黑产团伙恶意篡改，导致用户浏览网页时被劫持至涉黄涉赌网站[7]。

（2）运营商解析路径劫持

域名报文由于采用明文方式传输，在到达目的主机前可能被运营商的网络设备监听并篡改：Weaver 等[87] 于 2011 年发现运营商通过中间设备篡改包含错误代码（即域名不存在 NXDOMAIN）的域名响应报文，将用户引导至广告页面，以赚取每户 1~3 美元的额外利润；Schomp 等[88] 于 2013 年发现域名服务器可能篡改域名响应报文中的资源记录缓存时间（time to live，TTL）；Chung 等[89] 于 2016 年通过对全球 14 000 余个自治系统的测量研究发现，少数由运营商分配给客户端的默认域名服务器存在劫持行为，严重者甚至对超过 90% 的域名响应报文进行篡改；Liu

等[90] 于 2018 年通过对全球 2691 个自治系统的测量研究发现，占比高达 7.3% 的自治系统对去往大型公共域名解析服务的域名请求报文进行路径劫持，以达到减少带外（out-of-band）流量、节省流量成本的目的。

（3）恶意域名服务器

恶意域名服务器（rogue DNS server）指主动提供虚假域名响应的域名服务器，常用于对被劫持的域名查询报文进行应答，分为恶意递归域名服务器和恶意权威域名服务器。在恶意递归域名服务器方面，Kührer 等[91] 于 2015 年通过对互联网 IPv4 地址空间进行长期扫描发现，数百万的域名服务器主动提供虚假的域名响应，以达到进行互联网审查、插入广告、分发恶意代码和发起网络钓鱼攻击等目的。在恶意权威域名服务器方面，Kalafut 等[92] 和 Liu 等[93] 分别于 2010 年和 2016 年提出"孤儿"域名服务器（orphan DNS server）和"悬空"域名记录（dangling DNS record）攻击模型，证实攻击者可通过控制过期或失效的权威域名服务器实现对域名解析的劫持；Jones 等[94] 于 2016 年基于 RIPE Atlas 测量平台[95] 进行实验，发现互联网上存在非授权的根服务器镜像（unauthorized root mirror），会对相同自治系统发出的、去往根服务器的域名查询报文进行劫持和应答；Vissers 等[96] 于 2017 年通过控制形似域名的权威域名服务器，提供其他域名的虚假资源记录，同时发现 6213 个域名可能因此被劫持。

3. 域名报文嗅探

域名报文由于采用明文模式传输，可能被位于解析路径中的主机或网络设备嗅探并记录。基于域名报文嗅探（sniffing），攻击者可获取客户端 IP 地址和被查询域名的关联关系，进而推测客户端的互联网访问习惯，导致用户隐私泄露。一系列研究证实报文嗅探攻击者具备以下能力：Herrmann 等[97] 于 2013 年发现域名报文可用于进行互联网用户追踪（user tracking）；Chang 等[98] 于 2015 年发现域名解析日志可用于进行操作系统指纹识别（fingerprinting）；Kim 等[99] 于 2015 年发现域名报文可用于生成用户行为特征。在此基础上，Kirchler 等[100] 于 2016 年使用无监督学习算法，对基于域名报文嗅探的互联网用户追踪方法进行了改进。

此外，大规模域名报文嗅探事件在互联网中真实存在：斯诺登于 2015 年曝光美国国家安全局的 MORECOWBELL[9] 和 QUANTUMDNS[10] 项目，其中包含对域名报文的大规模劫持和监控计划。域名报文嗅探的攻击模型已被 RFC 9076 文档[8] 明确，将推动相关域名安全协议的标准化，用于为域名解析过程提供保密性和身份认证机制。

2.3.2　域名解析安全增强技术相关研究

近年来，为弥补域名协议的设计缺陷和缓解系列安全风险，多种标准化的域名安全协议形成，其中包含加密域名协议和域名签名协议。根据具体协议类别，将相关研究总结如下。

1. 加密域名协议

加密域名协议（encrypted DNS protocols）提供保密性和身份认证机制，其工作原理是：在客户端和域名服务器之间建立加密信道，用于域名报文的传输。截至 2022 年，共有两项加密域名协议已形成标准，分别为 DNS-over-TLS 协议（DoT，由 RFC 7858 文档[23] 定义）和 DNS-over-HTTPS 协议（DoH，由 RFC 8484 文档[24] 定义）。由于加密域名协议起步较晚（于 2016 年和 2018 年分别形成标准），现有工作多集中于对协议原型的评估，尚未有工作对其部署应用现状进行大规模测量研究。

（1）协议原型评估和改进

Zhu 等[101] 于 2015 年提出并实现了加密域名协议原型，证实加密域名协议能够缓解域名劫持和报文嗅探攻击，且产生的服务器性能开销（例如内存消耗、计算资源等）与当前的硬件水平相匹配。进一步地，一系列经改进的加密域名协议原型被提出，以提供更完备的安全功能：Nakatsuka 等[102] 于 2021 年提出 PDoT 协议框架，在域名服务器中引入可信执行环境（trusted execution environment，TEE），提供客户端和域名服务器间的强信任关系；Singanamalla 等[103] 于 2021 年提出 Oblivious DoH 协议模型，通过在客户端和域名服务器间引入代理服务器来进一步保护用户隐私。

（2）针对加密信道的攻击

由于加密域名协议基于标准传输层安全协议（transport layer security，TLS）提供的加密信道，一系列工作将针对 TLS 协议的攻击模型迁移至加密域名协议，并指出了不规范的协议应用将面临安全风险：Huang 等[104] 于 2020 年提出针对加密域名协议的降级（downgrade）攻击模型，通过阻止加密信道的建立迫使加密域名协议回退至普通域名协议，实现对域名报文的嗅探；Houser 等[105]、Siby 等[106] 和 Trevisan 等[107] 分别于2019 至 2020 年通过机器学习算法对加密域名协议报文进行分析，实现了对被查询域名的识别，并由此建议在加密域名协议报文中使用消息填充机制（padding，由 RFC 7830 文档[108] 定义）；Basso[109] 于 2021 年通过全球测量研究发现，部分国家对加密域名协议报文存在拦截行为，以实现互联网审查。

2. 域名签名协议

域名签名协议提供消息完整性保护，其工作原理是：域名持有者对资源记录进行数字签名并将签名添加至域名响应报文，由域名服务器进行验证。由于 DNSSEC 协议起步较早（于 2005 年由 RFC 4033[110]、RFC 4034[111] 和 RFC 4035[25] 文档共同定义），一系列工作曾对其部署应用情况和性能开销进行测量研究。

（1）部署应用规模测量

一系列工作针对 DNSSEC 协议的历史部署应用规模进行测量研究：Osterweil 等[112] 于 2009 年实现测量系统 SecSpider，对 DNSSEC 协议部署中的错误配置进行识别；Deccio 等[113] 于 2011 年通过对约 2000 个域名进行长期跟踪测量研究证实，占比约 20%的域名数字签名存在过期问题；类似地，Dai 等[114] 于 2016 年发现，在流行度排名靠前的 100 万域名中，占比高达 19.46%的签名域名未能正确实现协议部署，不能构成完整的信任链。距今最近的 DNSSEC 协议系统性部署应用规模测量研究由Chung 等[115] 于 2017 年进行，研究发现协议部署规模较低（二级域名签名率仅为不到 1%）且存在大量的错误配置，例如数字签名错误、签名资源记录不齐全、使用弱密钥等。

（2）数字签名算法和性能开销评价

DNSSEC 协议的设计基于数字签名等密码学算法。一系列工作对不同密码算法的应用和性能开销进行过评估：van Rijswijk-Deij 等[116-117] 于 2016 年测量椭圆曲线数字签名算法（elliptic curve digital signature algorithm，ECDSA）在域名签名中的应用，证实了引入椭圆曲线密码算法不会在域名服务器端增加显著的性能开销；Müller 等[118] 于 2020 年分析了后量子密码算法（post-quantum cryptography，PQC）在 DNSSEC

协议中的实际部署问题。此外，Müller 等[119] 于 2020 年研究了相关密码算法的推广生命周期，证实了在 DNSSEC 协议中推动部署新型密码算法仍然较为困难。

2.4　域名监管安全研究现状

本节从域名滥用行为和域名滥用检测的角度出发，总结了域名监管安全研究现状。

2.4.1　域名滥用行为相关研究

域名滥用（domain abuse）是指已注册的域名和涉及网络攻击行为的互联网资源构成映射关系，例如钓鱼网站、诈骗网站、僵尸网络控制端、恶意软件托管主机等。根据域名滥用行为的具体类别，相关研究总结如下。

1. 域名生成算法

通过域名生成算法（domain generation algorithm，DGA）生成的域名以时间作为参数，常被用于僵尸网络（botnet）对傀儡机的周期调度。在特定的时刻，网络攻击者仅需注册由算法批量生成的其中一个域名，即可维持对傀儡机的控制。此外，通过算法生成的域名列表更新频繁，导致监管难度增加。一系列工作提出了算法生成域名的检测方法：Yadav 等[120] 于 2010 年基于 DGA 域名一般不具有明确语义的特点，提出了使用字母分布特征进行检测；Antonakakis 等[121] 于 2012 年基于大量 DGA 域名并不会被攻击者实际注册的特点，提出了使用域名的注册状态特征进行检测；Schüppen 等[122] 于 2018 年对 DGA 域名的注册状态特征进行扩展，实现了对 59 个 DGA 域名家族的准确检测。

2. 形似域名和域名变换

通过对知名域名进行变换，可以生成和知名域名具有相似视觉效果或相似语义的新域名，从而用于发起网络钓鱼攻击。Wang 等[123] 于 2006 年提出拼写错误变换（typosquatting），即通过将知名域名中的字符替换为其在键盘上相邻的字符构造新域名，当用户输入出现拼写错误时便可用于发起网络钓鱼攻击；Nikiforakis 等[124] 于 2013 年提出比特位反转变换（bitsquatting），可以利用域名服务器内存中偶然出现的比特位反转实现对知名域名的劫持；Kintis 等[125] 于 2017 年提出添词变换（combosquatting），通过向知名域名中添加语义相似的单词构造新域名（例如 youtube-live.com）；Du 等[126] 2019 年提出添级变换（levelsquatting），即通过添加域名级别增大域名长度，在构造的新域名中使用知名域名作为前缀，导致其在移动终端等尺寸有限的设备上显示的部分仅包含知名域名。此外，同形异义域名也属于域名变换的一种重要形式，相关工作在 2.2 节已进行详细总结，此处不再赘述。

3. 基于域名的隐蔽信道

出于域名解析服务的基础性，部署于受控网络（例如企业内部网络）边缘的防火墙和入侵检测设备通常不会对域名报文进行拦截或阻断。因此，攻击者可通过将秘密数据嵌入域名报文的方式，绕过管理员配置的安全策略与受控网络外部进行隐蔽通信。Callahan 等[127] 于 2012 年提出了基于域名的隐蔽信道（covert channel）模型，利用域名服务器的缓存机制实现秘密数据的转移和暂存。在防御方面，Qi 等[128] 于 2013 年提出可以使用域名报文的二元分词（bigram）特征对域名隐蔽信道进行检测。

4. 域名停放

域名停放（domain parking）指域名经注册后但未被投入使用前，由服务提供者将其解析至包含广告的页面，以实现流量变现（traffic monetization）。然而，Alrwais 等[129] 于 2014 年通过大规模测量研究发现，部分域名停放提供商使用多级跳转的方式进行非法流量变现，实施广告点击欺诈（click fraud）、流量窃取等恶意行为。进一步地，Vissers 等[130] 于 2015 年证实，处于停放状态的域名可能被滥用于恶意软件分发、非法内容展示、网络诈骗等攻击行为。

2.4.2　域名滥用检测相关研究

除去上述针对特定域名滥用行为进行的研究和检测之外，还有一系列工作基于多种类型的特征提出了更为通用的域名滥用行为检测方法。根据不同的特征类别，将相关研究总结如下。

1. 基于页面内容特征的滥用行为检测

通过对域名指向的页面内容进行分析，可以识别域名涉及的滥用行为。Ntoulas 等[131] 于 2006 年提出可以通过分析页面内容对涉嫌欺诈的域名进行检测；Urvoy 等[132] 于 2008 年提出可以通过分析网站 URL 的相似性特征检测恶意域名；Leontiadis 等[133] 于 2011 年提出可以通过分析页面跳转特征检测非法药品销售域名；Thomas 等[134] 于 2011 年设计了实时 URL 过滤系统，检测涉嫌欺诈的域名。

2. 基于域名注册特征的滥用行为检测

使用域名的注册特征（例如域名注册数据、域名注册时间、注册机构分布等）实现对域名滥用行为的快速检测。按照使用特征的不同对相关工作进行分类：Coull 等[135] 于 2010 年使用域名注册数据的格式特征（例如是否符合注册数据模板）对域名滥用行为进行检测；Hao 等[136-137] 分别于 2010 年和 2016 年使用域名注册人的团伙分布特征（例如团伙的域名注册规模和活跃时间）对域名滥用行为进行检测；Vissers 等[138] 于 2017 年基于部分域名注册机构缺乏域名滥用监管机制的事实，使用域名注册机构的分布特征对域名滥用行为进行了检测。

3. 基于域名解析特征的滥用行为检测

一系列工作通过分析域名资源记录和域名解析规模特征，检测域名滥用行为。

（1）域名资源记录特征

Antonakakis 等[139] 和 Kara 等[140] 分别于 2011 和 2014 年通过对历史域名解析日志的分析，实现了对涉及恶意软件的域名进行检测；Khalil 等[141] 于 2016 年通过构建域名解析依赖关系图的方式，对域名滥用行为进行了检测；Liu 等[142] 于 2017 年通过分析域名资源记录的历史变化特征，对域名窃取和滥用行为进行了检测；Liu 等[143] 于 2019 年通过分析域名资源记录变化的时序特征，对非法流量变现行为进行了检测。

（2）域名解析规模特征

Hao 等[144] 于 2011 年对恶意域名的初始解析状态进行分析，发现占比约 55% 的恶意域名经注册一天后即被用于网络攻击，因此提出应重点检查活跃时间和注册时间间隔过短的域名；Yarochkin 等[145] 于 2013 年通过分析域名解析规模的异常变化（例如解析规模的突然增大）实现了域名滥用行为的检测系统。

2.5　本 章 小 结

本章围绕互联网域名体系的各组成层面，分别总结了相关安全研究现状，明确了既往工作尚未覆盖的范围。首先，本章总结了域名注册安全研究现状，发现既往工作主要研究域名空间扩展和域名注册管理方面的安全问题，尚未关注域名注册数据的隐私保护技术；其次，本章总结了域名解析安全研究现状，发现既往工作主要研究不同类别的域名解析安全风险和起步较早的域名安全协议，尚未关注加密域名协议的现实部署应用情况；最后，本章总结了域名监管安全研究现状，发现既往工作主要研究域名滥用行为及其检测方法，尚未关注对恶意域名进行查封和阻断的安全技术。

第 3 章　互联网域名体系技术框架

3.1　本章引论

为对互联网域名体系安全技术进行严谨描述，本章基于集合论和代数理论建立互联网域名体系技术框架。首先，本章对域名相关概念进行定义，并对互联网域名空间及其层次结构进行描述；其次，本章对域名注册相关实体和过程及域名与互联网资源的映射关系及其检索过程进行建模。在构建技术框架的基础上，本章描述互联网域名体系面临的主要安全威胁和引入的安全技术，给出本书拟解决的问题和主要研究内容。

本章后续内容的组织结构如下：3.2 节定义互联网域名空间；3.3 节对域名注册过程进行建模；3.4 节定义域名与互联网资源的映射关系，并对其检索过程进行建模；3.5 节总结互联网域名体系安全技术和论文的主要研究问题；3.6 节为本章内容小结。

3.2　互联网域名空间

本节首先介绍域名的基本概念并对域名进行定义，而后对互联网域名空间及其层次化结构进行建模。

3.2.1　域名相关概念

根据构成域名的基本元素，按照字符、名字、域名的顺序，对有关概念进行定义和描述。

1. 字符

字符（character）指字形单位或符号，是电子计算机或无线电通信中字母、数字和符号的统称。在计算机领域，通常使用数字编码系统将各字符和数字进行映射，例如 ASCII 编码、Unicode 编码等。将所有英文字母字符（包含大小写形式，ASCII 编码为十进制 65 至 90 和 97 至 122，共 52 个）构成的集合记为 $Letter$，所有阿拉伯数字字符（ASCII 编码为十进制 48 至 57，共 10 个）构成的集合记为 $Digit$，连字符（hyphen，即 "-"，ASCII 编码为十进制 45）记为 h。

定义如下字符集合：

$$\begin{cases} LetDig = Letter \cup Digit \\ LetDigHyp = LetDig \cup \{h\} \end{cases} \tag{3.1}$$

2. 名字

名字（label）指由字符构成的有序序列，是构成域名的基本单元，定义为：

$$\begin{cases} Label := (\sigma_1, \sigma_2, \cdots, \sigma_n),\ n \leqslant 63 \\ \sigma_1 \in Letter \wedge \sigma_n \in LetDig \\ \forall i \in \{x \in \mathbb{N} | 2 \leqslant x \leqslant n-1\},\ \sigma_i \in LetDigHyp \end{cases} \tag{3.2}$$

由上述定义，名字为由英文字母、数字和连接符构成的，长度不超过 63 个字符的有序序列。名字必须以英文字母开头，且不能以连接符结尾。特别地，将不包含任何字符（即长度为 0）的名字称为空名字，记为 ϵ。将符合定义的名字全集记为 L。

3. 域名

域名（domain name）是互联网上识别和定位计算机的层次结构式的字符标识。域名由以点（记为 $\circ$）分隔的不超过 127 个非空名字构成，以空名字 ϵ 结尾，定义为：

$$\begin{cases} Domain := (l_n \circ l_{n-1} \circ \cdots \circ l_1 \circ \epsilon),\ n \leqslant 127 \\ \forall i \in \{x \in \mathbb{N} | 1 \leqslant x \leqslant n\},\ l_i \in \complement_L\{\epsilon\} \end{cases} \tag{3.3}$$

为简便起见，通常将域名写作 $l_n. \cdots .l_1$（例如 example.com），各名字间使用点号（dot）分隔，并省略末尾的空名字。对于域名 $d = l_n. \cdots .l_1$，记 $d[i] = l_i$；特别地，记 $d[0] = \epsilon$。将符合定义的域名全集记为 D。

定义域名的级别函数：

$$\begin{cases} level : D \to \{x \in \mathbb{N} | 0 \leqslant x \leqslant 127\} \\ d = l_n. \cdots .l_1 \Longrightarrow level(d) = n \end{cases} \tag{3.4}$$

函数 $level$ 以任意域名 $d \in D$ 作为输入，输出 d 的级别，定义为其包含的非空名字数量。特别地，将只包含一个空名字 ϵ（即级别为 0）的域名称为根域名（root domain），记为单个点号（"."）。类似地，将包含一个非空名字（即级别为 1）的域名称为顶级域名（top-level domain，TLD），将包含两个非空名字（即级别为 2）的域名称为二级域名（second-level domain，SLD）。

3.2.2　互联网域名空间及其结构

由所有域名构成的全集 D 是互联网中的计算机命名空间，称为域名空间（domain name space）。按照各域名的级别划分，域名空间构成树形层次结构，以根域名作为根节点。对于两个不同的域名 $d_{\mathrm{sub}}, d_{\mathrm{parent}} \in D$，$d_{\mathrm{sub}}$ 在域名空间中是 d_{parent} 的子孙节点，当且仅当以下条件同时成立：

$$\begin{cases} level\,(d_{\mathrm{parent}}) < level\,(d_{\mathrm{sub}}) \\ \forall i \in \{x \in \mathbb{N} | 0 \leqslant x \leqslant level\,(d_{\mathrm{parent}})\},\ d_{\mathrm{sub}}[i] = d_{\mathrm{parent}}[i] \end{cases} \tag{3.5}$$

此时称 d_{sub} 为 d_{parent} 的子域名（subdomain），称 d_{parent} 为 d_{sub} 的父域名（parent domain），记为 $d_{\mathrm{sub}} \simeq d_{\mathrm{parent}}$。特别地，根域名是所有其他域名的父域名，即对 $\forall d \in \complement_D\{"."\}$，有 $d \simeq "."$。

按照表达式（3.5）定义的规则构建域名空间 D 的树形层次结构。图 3.1 展示了域名空间的一棵子树；域名 d 的深度即为 $level(d)$。

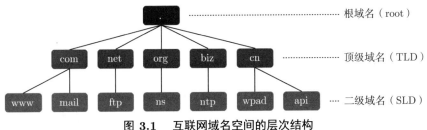

图 3.1　互联网域名空间的层次结构

3.3　域名的注册

域名的注册（register）指获取域名管理和解析权的过程。在域名空间中，根域名和顶级域名由互联网名称与数字地址分配机构注册，二级域名由全球域名注册机构面向互联网用户开放注册。更高级别的域名由各二级域名持有人自行管理，通常不开放注册，在此不做讨论。

3.3.1　域名注册机构

域名的注册过程同时依赖域名注册局（registry operator，简称为注册局）和域名注册商（registrar，简称为注册商），注册局和注册商统称为域名注册机构。注册局为顶级域名运营机构，拥有顶级域名区域的解析权（见 3.4 节定义）；注册商为域名交易机构，受理互联网用户的域名注册申请并收取域名注册费用。将所有注册局构成的全集记为 P_{registry}，所有注册商构成的全集记为 $P_{\text{registrar}}$。

互联网用户按照如下流程完成域名 d 的注册：选定注册商 $prov_r \in P_{\text{registrar}}$，提供 d 的域名注册数据（见下文定义）并缴纳费用；随后，由 $prov_r$ 将域名注册数据上报注册局 $prov_y \in P_{\text{registry}}$；当 $prov_y$ 和 $prov_r$ 同时维护 d 的注册数据，即完成注册。为描述方便，称 $prov_y$ 和 $prov_r$ 为管辖（sponsor）域名 d 的注册机构。

定义函数：

$$sponsor : P_{\text{registry}} \cup P_{\text{registrar}} \to \mathcal{P}(D) \qquad (3.6)$$

其中，$\mathcal{P}(D)$ 表示集合 D 的幂集。函数 $sponsor$ 以任意域名注册机构 $prov \in P_{\text{registry}} \cup P_{\text{registrar}}$ 作为输入，输出其管辖的域名集合。

3.3.2　域名注册数据

1. 域名注册数据

域名注册数据（registration data）包含域名注册人的联系信息（contact information）和域名的技术信息（technical information）。根据 ICANN 制定的域名注册规范[17]，定义域名注册数据字段名称集合：

$$
\begin{cases}
Person = \{\text{"registrant"}, \text{"admin"}, \text{"tech"}\} \\
Item = \{\text{"name"}, \text{"organization"}, \text{"street"}, \text{"city"}, \text{"state"}, \\
\qquad\quad \text{"postal\_code"}, \text{"country"}, \text{"phone"}, \text{"fax"}, \text{"email"}\} \\
K_{\text{contact}} = Person \times Item \\
K_{\text{tech}} = \{\text{"domain"}\} \times \{\text{"name"}, \text{"status"}, \text{"iana\_id"}, \text{"creation\_date"}, \\
\qquad\quad \text{"updated\_date"}, \text{"whois\_server"}, \text{"nameserver"}\} \\
K_{\text{whois}} = K_{\text{contact}} \cup K_{\text{tech}}
\end{cases}
$$

$$(3.7)$$

其中，K_{contact} 定义联系信息字段名称，包含域名注册人（registrant）、管理联系人（admin）和技术联系人（tech）相关信息；K_{tech} 定义技术信息字段名称，包含域名、注册状态、管辖域名的注册商编号（iana_id）[①]、注册和更新日期、WHOIS 服务器（见下文定义）和权威域名服务器（见 3.4 节定义）；集合 K_{whois} 定义域名注册数据应包含的所有字段名称。

定义单个域名的注册数据为包含 $|K_{\text{whois}}|$ 个二元组的集合：

$$
\begin{cases}
WhoisRecord := \{\langle k_1, v_1 \rangle, \langle k_2, v_2 \rangle, \cdots, \langle k_{|K_{\text{whois}}|}, v_{|K_{\text{whois}}|} \rangle\} \\
\forall i \in \{x \in \mathbb{N} | 1 \leqslant x \leqslant |K_{\text{whois}}|\}, \ k_i \in K_{\text{whois}} \wedge v_i \in \Sigma^*
\end{cases}
$$

$$(3.8)$$

所有已注册的域名和其域名注册数据存在一一对应关系。将所有域名注册数据构成的全集记为 WR。

2. 域名注册数据查询

域名的注册数据由管辖该域名的注册机构保存，并通过注册数据服务器（又称 WHOIS 服务器）提供查询接口。定义域名注册数据的查询

---

① 所有经授权的注册商由 ICANN 分配唯一数字编号，参见文献 [146]。

和解析函数：

$$\begin{cases} whois : D \to WR \cup \{\perp\} \\ whois(d) = \begin{cases} wr, & r_0 \wedge parse\left(wr, \langle\text{"domain"}, \text{"name"}\rangle\right) = d \\ \perp, & \neg r_0 \end{cases} \\ r_0 \iff d \text{ is registered} \end{cases} \quad (3.9)$$

$$\begin{cases} parse : WR \times K_{\text{whois}} \to \varSigma^* \\ wr = \left\{ \langle k_1, v_1 \rangle, \cdots, \langle k_{|K_{\text{whois}}|}, v_{|K_{\text{whois}}|} \rangle \right\} \implies \forall i \in [1, |K_{\text{whois}}|], \\ \quad parse\left(wr, k_i\right) = v_i \end{cases} \quad (3.10)$$

函数 $whois$ 以任意域名 $d \in D$ 作为输入，输出 d 的域名注册数据；若 d 未被注册，则其注册数据不存在，有 $whois(d) = \perp$。函数 $parse$ 以任意域名注册数据 $wr \in WR$ 和字段名称 $k \in K_{\text{whois}}$ 作为输入，输出 wr 中字段 k 对应的值。

通过 WHOIS 协议（由 RFC 3912 文档[147] 定义）可以实现函数 $whois$ 的功能。具体地，各域名注册机构维护 WHOIS 服务器；当服务器接收到关于域名 d 的请求报文时，其返回的响应报文中包含 d 的注册数据 $whois(d)$。将所有 WHOIS 服务器构成的全集记为 $Server_{\text{whois}}$。由于各域名的注册数据由不同的注册机构管辖和存储，WR 构成了一个大型分布式数据库，由 $Server_{\text{whois}}$ 中的各服务器实现检索。

3.4　域名与互联网资源的映射

本节首先介绍用于实现域名与互联网资源映射的资源记录和区域概念，在此基础上重点对域名解析（即映射关系检索）结构和协议进行建模。

3.4.1　资源记录和区域概念

1. 资源记录

资源记录（resource record）用于表示域名与互联网资源（例如 IP 地址、邮件服务器名称等）的映射关系，定义为五元组：

$$ResourceRecord := \langle d, c, t, \tau, a \rangle \quad (3.11)$$

式（3.11）表示域名 d 和类别为 c、类型为 t 的互联网资源 a 间存在映射关系，该关系可被域名服务器缓存 τ 秒。一般情况下，资源类别 c 取值为 IN，表示互联网（Internet）。将资源类型 t 的全部取值构成的集合记为 $Type_{\mathrm{rr}}$[①]，其中较常用的资源类型包含：A（表示 IPv4 地址）、AAAA（表示 IPv6 地址）、NS（表示权威服务器名称）、CNAME（表示域名别名）、SOA（表示起始授权）等。根据 t 的取值不同，互联网资源 a 可能是域名、IP 地址或任意字符串。记所有 IP 地址构成的全集为 I，有 $a \in D \cup I \cup \Sigma^*$。缓存时间定义为 32 位有符号整数，满足 $\tau \in \{x \in \mathbb{N} | x < 2^{31}\}$。将所有资源记录构成的全集记为 RR。

定义如下函数：

$$
\begin{cases}
dn : RR \to D \\
tp : RR \to Type_{\mathrm{rr}} \\
ans : RR \to D \cup I \cup \Sigma^*
\end{cases}
\tag{3.12}
$$

上述函数均以任意资源记录 $rr \in RR$ 作为输入，分别输出其中包含的域名 d、资源类型 t 和互联网资源 a。

2. 区域

区域（zone）指由一系列资源记录构成的集合。定义区域函数：

$$
\begin{cases}
zone : D \to \mathcal{P}(RR) \\
dn : \mathcal{P}(RR) \to D \\
dn(z) = d \implies \exists! rr \in z,\ dn(rr) = d \wedge tp(rr) = \text{“SOA”}
\end{cases}
\tag{3.13}
$$

将 $zone(d)$ 称为域名 d 的区域，包含 d 的所有资源记录，可能也包含部分 d 的子域名的资源记录。对于域名 d，其对应的区域 $zone(d)$ 中有且仅有一条类型为 SOA 的资源记录 rr，满足 $dn(rr) = d$。函数 $zone$ 和 dn 建立域名与其资源记录集合间的相互映射关系。将所有区域构成的全集记为 Z。各域名的区域由各自指定的权威域名服务器管理，见下文定义。

---

① 集合 $Type_{\mathrm{rr}}$ 包含的全部互联网资源类型由互联网数字分配机构（Internet Assigned Numbers Authority，IANA）（从属于 ICANN）定义，参见文献 [148]。

3.4.2　域名的解析

域名的解析（resolve）指给定域名 $d \in D$ 和资源类型 $t \in T$，从资源记录集合 RR 中查找并输出目标网络资源的过程，定义为函数：

$$\begin{cases} resolve : D \times Type_{rr} \to \mathcal{P}(D) \cup \mathcal{P}(I) \cup \mathcal{P}(\Sigma^*) \\ resolve(d,t) = \{a | a = ans(rr),\ rr \in zone(d) \land dn(rr) = d \land tp(rr) = t\} \end{cases} \tag{3.14}$$

函数 $resolve$ 的功能由一系列域名查询和响应完成，其在互联网中的具体实现依赖域名解析结构和域名报文。

1. 域名查询和响应

定义域名查询（query）为三元组，域名响应（response）为五元组：

$$\begin{cases} Query := \langle d, t, id \rangle \\ Response := \langle d, t, id, rc, data \rangle \end{cases} \tag{3.15}$$

其中，d 为被查询域名，t 为目标资源类型。域名消息序号 id 用于区分多个域名查询，定义为 16 位无符号整数，因此有 $id \in \{x \in \mathbb{N} | 0 \leqslant x \leqslant 2^{16} - 1\}$[①]。将响应状态 rc 的全部取值构成的集合记为 RC[②]，其中较常用的响应状态包含 NOERROR（域名解析成功）、SERVFAIL（域名解析失败）、REFUSED（域名解析被拒绝）和 NXDOMAIN（域名不存在）。响应数据 $data$ 为目标资源记录集合，满足 $data \in \mathcal{P}(RR)$。将所有域名查询构成的全集记为 Qry，所有域名响应构成的全集记为 Rsp。

定义如下函数：

$$\begin{cases} dn : Qry \cup Rsp \to D \\ tp : Qry \cup Rsp \to Type_{rr} \\ txid : Qry \cup Rsp \to Uint_{16} \\ rcode : Rsp \to RC \\ rrset : Rsp \to \mathcal{P}(RR) \end{cases} \tag{3.16}$$

函数 dn、tp 和 $txid$ 均以任意域名查询 $qry \in Qry$ 或域名响应 $rsp \in Rsp$ 作为输入，分别输出被查询域名 d、目标资源类型 t 和消息序号 id。函数

---

① 为描述方便，后文记 16 位无符号整数集合为 $Uint_{16} = \{x \in \mathbb{N} | 0 \leqslant x \leqslant 2^{16} - 1\}$。

② 集合 RC 包含的全部响应状态由 IANA 定义，参见文献 [148]。

$rcode$ 和 $rrset$ 均以任意域名响应 $rsp \in Rsp$ 作为输入，分别输出响应状态 rc 和响应数据 $data$。

2. 域名解析结构

基本的域名解析结构由客户端（client）、递归域名服务器（recursive resolver）和权威域名服务器（authoritative server）构成。图 3.2 展示了域名解析结构和域名解析过程：客户端向递归域名服务器发送域名查询，随后由递归域名服务器依次查询各级权威域名服务器并返回域名响应①。

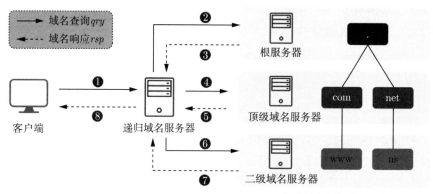

图 3.2　基本域名解析结构和域名解析过程

（1）权威域名服务器

不同域名的区域由各自指定的权威域名服务器管理，构成维护资源记录集合 RR 的大型分布式数据库。将权威域名服务器的全集记为 $Server_{\text{adns}}$。由于权威服务器本身以域名形式表示，有 $Server_{\text{adns}} \subseteq D$。管理各区域的权威域名服务器通过类型为 NS 的资源记录指定。定义函数：

$$\begin{cases} auth : Server_{\text{adns}} \to \mathcal{P}(Z) \\ auth(adns) = \{z \mid z = zone(dn(rr)),\ rr \in RR \wedge ans(rr) \\ \qquad = adns \wedge tp(rr) = \text{"NS"}\} \end{cases} \tag{3.17}$$

---

① 此处定义的结构为互联网实际采用的域名解析结构。理论上还存在另外一种域名解析结构：当域名服务器收到域名查询后，依次查询距离最近的下级域名服务器（例如由根服务器负责查询顶级域名服务器，顶级域名服务器负责查询二级域名服务器），直到获得目标网络资源或出现错误。这种域名解析结构未被采用，因此不做进一步讨论。

函数 $auth$ 以任意权威域名服务器 $adns \in Server_{adns}$ 作为输入，输出由 $adns$ 管理的所有区域。

定义权威域名服务器的功能函数：

$$\begin{cases} auth\_lookup : \mathcal{P}(Z) \times Qry \rightarrow Rsp \\ rrset(auth\_lookup(\zeta, qry)) = rr\_lookup(zone\_lookup(\zeta, qry), qry) \end{cases}$$
(3.18)

其中，对于权威域名服务器 $adns$，参数 $\zeta = auth(adns)$。当 $adns$ 接收到域名查询 qry 时，通过函数 $auth\_lookup$ 构建域名响应 rsp。在此过程中，需要依赖另外两个函数查找目标资源记录，定义为：

$$\begin{cases} zone\_lookup : \mathcal{P}(Z) \times Qry \rightarrow Z \cup \{\bot\} \\ zone\_lookup(\zeta, qry) = \begin{cases} z, & c_0 \\ \bot, & \neg c_0 \end{cases} \\ c_0 \iff (\exists z \in \zeta, \, dn(qry) = dn(z) \vee dn(qry) \simeq dn(z)) \, \wedge \\ \qquad (\forall z' \in \{z' \in \zeta | dn(qry) \simeq dn(z')\}, \, dn(z) \simeq dn(z')) \end{cases}$$
(3.19)

权威域名服务器 $adns$ 通过函数 $zone\_lookup$，从自身管辖的区域集合 ζ 中选出一个 z，使得 $dn(z)$ 等于被查询域名 $dn(qry)$，或为 $dn(qry)$ 的父域名且连续匹配长度最大（即在域名空间中距离 $dn(qry)$ "最近"[61]，记为 c_0）。若 ζ 中不存在符合条件的区域则查找失败。以输出区域 z 作为输入，定义函数：

$$\begin{cases} rr\_lookup : Z \times Qry \rightarrow \mathcal{P}(RR) \\ rr\_lookup(z, qry) = \begin{cases} \{rr \in z | dn(rr) = dn(qry) \wedge tp(rr) \\ \quad = tp(qry)\}, \, c_1 \wedge \neg c_2 \\ referral, \, \neg c_1 \wedge \neg c_2 \\ \varnothing, \, c_2 \end{cases} \\ c_1 \iff dn(qry) = dn(z) \\ c_2 \iff z = \bot \end{cases}$$
(3.20)

函数 rr_lookup 在区域 z 中查找符合被查询域名和资源类型的目标资源记录。若 $dn(z)$ 为 $dn(qry)$ 的父域名，则返回的资源记录集 $referral$ 中包含指向下一级权威域名服务器的资源记录。最后，基于目标资源记录集合构建域名响应 rsp，形成函数 $auth\_lookup$ 的输出。

另定义域名到权威服务器的函数：

$$\begin{cases} auth\_server : D \rightarrow \mathcal{P}\left(Server_{\text{adns}}\right) \\ auth\_server(d) = \{adns | adns = ans(rr),\ rr \in zone(d) \land dn(rr) \\ \qquad\qquad = d \land tp(rr) = \text{"NS"}\} \end{cases}$$

$$(3.21)$$

函数 $auth\_server$ 以任意域名 $d \in D$ 作为输入，输出其指定的权威域名服务器集合。特别地，将根域名的权威域名服务器称为根服务器（root servers），由根服务器构成的集合记为 $\Theta = auth\_server(\text{"."})$。类似地，将顶级域名的权威域名服务器称为顶级域名服务器，二级域名的权威域名服务器称为二级域名服务器。

（2）递归域名服务器

递归域名服务器直接面向客户端，负责查询得到域名与互联网资源的最终映射结果。递归域名服务器接收来自客户端的域名查询 qry，以根服务器 Θ 作为起点，通过查询各级权威域名服务器的方式实现函数 $resolve$ 的功能。将递归域名服务的全集记为 $Server_{\text{rdns}}$。递归域名服务器执行的查询过程定义为函数：

$$\begin{cases} res\_lookup : Qry \times \mathcal{P}\left(Server_{\text{adns}}\right) \rightarrow Rsp \\ res\_lookup(qry,\Theta) = \begin{cases} auth\_lookup(\zeta, qry),\ (c_0 \land c_1) \lor \neg c_0 \\ res\_lookup(qry, ans(referral)),\ c_0 \land \neg c_1 \end{cases} \end{cases}$$

$$(3.22)$$

函数 res_lookup 采用递归结构，终止条件为获取来自管理被查询域名 $dn(qry)$ 区域的权威域名服务器（即 $auth\_server(dn(qry))$）的响应。

（3）客户端

客户端直接向递归域名服务器发起域名查询，并获得最终响应。一般地，接入互联网的客户端使用运营商（internet service provider，ISP）默认分配的递归域名服务器，也可通过修改操作系统配置指定递归域名服务器（例如 Google Public DNS[83] 等大型公共递归域名服务器）。因此，客户端实际上需要提供三个参数以完成函数 $resolve$ 的功能，包含被查询域

名 $d \in D$、资源记录类型 $t \in Type_{rr}$ 和递归域名服务器 $rdns \in Server_{rdns}$。

3. 域名报文

定义网络层域名报文为三元组：

$$
\begin{cases}
DNSMessage := \langle ip\_profile, tsp\_profile, dns\_msg \rangle \\
ip\_profile = \langle source\_ip, destination\_ip \rangle \\
tsp\_profile = \langle protocol, source\_port, destination\_port, conn \rangle
\end{cases}
\tag{3.23}
$$

其中，$ip\_profile$ 为 IP 协议属性，包含源和目的 IP 地址；$tsp\_profile$ 为传输层协议属性，包含协议名称（普通域名报文一般取值为 UDP）、源和目的端口，以及连接属性（普通域名报文一般基于 UDP 协议，无连接建立，此时 $conn = \varnothing$）；dns_msg 为应用层消息，包含单个域名查询或域名响应，满足 $dns\_msg \in Qry \cup Rsp$。将所有域名报文构成的集合记为 M，所有传输层协议名称（包含 UDP 和 TCP 等）构成的集合记为 P。

定义如下函数：

$$
\begin{cases}
srcip : M \to I \\
dstip : M \to I \\
srcport : M \to Uint_{16} \\
dstport : M \to Uint_{16} \\
proto : M \to P \\
dns : M \to Qry \cup Rsp
\end{cases}
\tag{3.24}
$$

上述函数均以任意域名报文 $m \in M$ 作为输入。函数 $srcip$ 和 $dstip$ 分别输出其源和目的 IP 地址；函数 $srcport$ 和 $dstport$ 分别输出其源和目的端口；函数 $proto$ 输出其传输层协议名称；函数 dns 输出其应用层消息，即域名查询或域名响应。

3.5　互联网域名体系安全技术

通过构建互联网域名体系技术框架得出，域名空间 D 的各个节点存储三部分数据，由不同的服务器进行检索，构成大规模分布式数据库系统：一是域名注册数据集合 WR，由域名注册机构维护的注册数据服务器集合 $Server_{\text{whois}}$ 通过 $whois$ 函数提供检索；二是资源记录集合 RR，由权威域名服务器集合 $Server_{\text{adns}}$ 和递归域名服务器集合 $Server_{\text{rdns}}$ 通过 $resolve$ 函数提供检索；三是 IP 地址空间 I，实现域名至互联网主机的映射。本节从域名注册、域名解析和域名监管三个组成层面出发，分别描述互联网域名体系面临的安全威胁和引入的安全技术，给出本书拟解决的主要研究问题。

3.5.1 域名注册隐私保护技术

1. 域名注册层面的安全威胁：针对注册数据的任意访问

域名注册数据由各机构保存并通过 WHOIS 服务器提供公开查询接口。从访问控制（access control）的角度，各域名注册机构维护的 WHOIS 服务器允许任意主机对域名注册数据的访问操作。使用自主访问控制模型（discretionary access control，DAC）[149] 将集合 $Server_{\text{whois}}$ 中各 WHOIS 服务器的访问控制规则表示为：

$$\begin{cases} ReadWhois := \langle I, WR, \boldsymbol{A} \rangle \\ \forall \langle i, wr \rangle \in I \times WR, \ \boldsymbol{A}[i, wr] = \{\text{``read''}\} \end{cases} \tag{3.25}$$

其中，访问主体（subject）为任意互联网主机，表示为 IP 地址；访问客体（object）为域名注册数据；$\boldsymbol{A}$ 为访问控制矩阵，表示允许运行于任意 IP 地址的互联网主机对域名注册数据的读取（read）操作。然而根据式（3.7）的定义，域名注册数据中包含大量个人信息，因此针对域名注册数据的任意访问导致隐私泄露风险。

2. 域名注册隐私保护技术测量研究

通过为域名注册数据的个人信息字段添加访问控制规则，实现域名注册数据隐私保护。ICANN 于 2018 年出台《通用顶级域（gTLD）注册数据临时规范》[19]，确定了受保护的域名注册数据字段值。将规范明确受保护的字段名称集合记为 K_{protect}，显然有 $K_{\text{protect}} \subseteq K_{\text{whois}}$；各 WHOIS 服务器应阻止互联网主机访问 K_{protect} 中包含的字段值，并使用（不包含个人信息的）匿名字符串对相应字段值进行填充。特别地，匿名字符串的值并不是唯一的，各机构可能设置不同的访问控制规则。记所有匿名字符串构成的集合为 *AnonStr*；显然该集合是无限集合。

目前仍不清楚全球域名注册机构是否按照规范要求妥善保护个人信息。为对域名注册隐私保护技术进行测量研究，拟解决如下问题：如何判断全球域名注册机构管辖的数据是否符合隐私保护规范，即通过 *whois* 函数查询的结果中是否包含用户个人信息？该研究问题的形式化表述为，对于各 $prov \in P_{\text{registry}} \cup P_{\text{registrar}}$，判断表达式是否成立：

$$\forall \langle d, k \rangle \in sponsor(prov) \times K_{\text{protect}},\ parse(whois(d), k) \in AnonStr$$
$$(3.26)$$

3.5.2　域名解析安全增强技术

1. 域名解析层面的安全威胁：报文劫持篡改

域名报文在传输层采用基于 UDP 协议的明文传输模式，缺乏消息的保密性和完整性保障，容易遭到劫持和篡改。具体地，网络攻击者通过搭建恶意域名服务器、发起旁路注入等方式，导致域名服务器在发起包含域名查询 $qry = \langle d, t, id \rangle$ 的报文 qry_msg 后，接收到包含虚假域名响应 rsp_{bogus} 的报文 rsp_msg_{bogus} 并返回给客户端，满足：

$$\begin{cases} srcport(qry\_msg) = dstport(rsp\_msg_{\text{bogus}}) \\ dn(rsp_{\text{bogus}}) = d \wedge tp(rsp_{\text{bogus}}) = t \wedge txid(rsp_{\text{bogus}}) = id \\ rrset(rsp_{\text{bogus}}) \neq \{rr \in zone(d) | dn(rr) = d \wedge tp(rr) = t\} \end{cases} \quad (3.27)$$

2. 域名解析安全增强技术测量研究

域名报文容易遭到劫持和篡改的根本原因在于，式（3.27）定义的条件较容易满足，网络攻击者伪造包含虚假资源记录的响应报文难度较低。为增加响应报文伪造难度，引入加密域名协议、域名签名协议和域名报文随机性增强方案。

（1）加密域名协议。在客户端和递归域名服务器间通过安全传输层协议（transport layer security，TLS）引入加密信道 *EC*，包含加密算法、数字证书、密钥等属性，使得域名报文的传输层协议属性 $tsp\_profile$ 满足：

$$tsp\_profile = \langle \text{“TLS”}, source\_port, destination\_port, EC \rangle \quad (3.28)$$

为伪造响应报文，在满足式（3.27）的基础上，网络攻击者需要同时伪造 EC 包含的所有属性，因此劫持篡改难度上升。

（2）域名签名协议。当权威域名服务器 $adns$ 收到域名查询 qry 时，在响应报文中引入含有数字签名 sig 的资源记录 rr，使得表达式成立：

$$\begin{cases} rr = \langle d, t, \text{"RRSIG"}, \tau, sig \rangle \\ rr \in rrset(auth\_lookup(auth(adns), qry)) \end{cases} \tag{3.29}$$

为伪造响应报文，在满足式（3.27）的基础上，网络攻击者需要在无法获取用户私钥的情况下提供正确的数字签名 sig，因此劫持篡改难度上升。

（3）域名报文随机性增强方案。由递归域名服务器向源端口和消息序号字段值中引入随机成分，使得式（3.27）成立的概率降低。记递归域名服务器 $rdns$ 在连续发出的 n 个查询报文中使用的源端口序列为 $SrcPortSeq$，消息序号序列为 $TxidSeq$。取序列标准差（standard deviation）阈值 $\sigma_{\text{threshold}}$ 和信息熵（entropy）阈值 $H_{\text{threshold}}$，使其满足：

$$\begin{cases} \sigma(SrcPortSeq) > \sigma_{\text{threshold}} \wedge \sigma(TxidSeq) > \sigma_{\text{threshold}} \\ H(SrcPortSeq) > H_{\text{threshold}} \wedge H(TxidSeq) > H_{\text{threshold}} \end{cases} \tag{3.30}$$

目前仍不清楚互联网域名体系中支持上述协议和方案的域名服务器规模。为对域名解析安全增强技术进行测量研究，拟解决如下问题：如何在全球范围内大规模识别支持相关协议和方案的域名服务器？该研究问题的形式化表述为：①在集合 $Server_{\text{rdns}}$ 中识别能够处理满足式（3.28）的域名报文的服务器；②在集合 $Server_{\text{adns}}$ 中识别能够返回满足式（3.29）的域名响应报文的服务器；③在集合 $Server_{\text{rdns}}$ 中识别满足式（3.30）的递归域名服务器。

3.5.3　域名监管中的查封技术

1. 域名监管层面的安全威胁：域名滥用行为

域名注册人为将域名 d 投入使用，建立 d 与互联网主机地址 $ip \in I$ 的映射关系，使得：

$$ip \in resolve(d, t),\ t \in \{\text{"A"}, \text{"AAAA"}\} \tag{3.31}$$

定义 $I_{\text{malicious}}$ 为由所有涉及网络攻击行为的 IP 地址构成的集合, 包含钓鱼网站、诈骗网站、僵尸网络控制端和恶意软件托管主机等。若在式 (3.31) 成立的基础上有 $ip \in I_{\text{malicious}}$, 则称域名 d 存在滥用行为, 记为 $d \overset{abuse}{\Longrightarrow} ip$。

2. 域名监管中的查封技术测量研究

域名监管机构强制将存在滥用行为的域名解析至受控的主机地址, 称为域名的查封 (take-down, 又称 seizure)。将监管机构维护的权威域名服务器称为域名黑洞 (sinkhole), 所有域名黑洞构成的集合记为 S_{sinkhole}, 显然有 $S_{\text{sinkhole}} \subseteq Server_{\text{adns}}$。将由所有受控主机地址构成的集合记为 I_{sinkhole}, 包含由域名监管机构控制的 IP 地址和非公网地址 (例如回环地址 127.0.0.1) 等, 显然有 $I_{\text{sinkhole}} \subseteq I$。对于被查封的域名 d, 有:

$$
\begin{cases}
(\forall rr \in \{rr \in zone(d)|tp(rr) = \text{"NS"}\}, \ ans(rr) \in S_{\text{sinkhole}}) \implies \\
(\forall rr \in \{rr \in zone(d)|tp(rr) \in \{\text{"A"}, \text{"AAAA"}\}\}, \ ans(rr) \in I_{\text{sinkhole}})
\end{cases}
\tag{3.32}
$$

目前仍不清楚互联网中有多少域名已被监管机构查封。为对域名监管中的查封技术进行测量研究, 拟解决如下问题: 如何准确识别监管机构维护的域名黑洞和被查封的域名? 该研究问题的形式化表述为, 从集合 $Server_{\text{adns}}$ 中识别域名黑洞集合 S_{sinkhole} 的成员; 在此基础上, 对于集合 D 中的各域名, 判断式 (3.32) 是否成立。

3.6　本　章　小　结

为对互联网域名体系安全技术进行严谨描述, 本章对互联网域名空间进行了定义, 并给出了互联网域名体系技术框架。在此基础上, 本章还提出了本书的主要研究内容和拟解决的问题。本书的后续章节将基于互联网域名体系技术框架, 逐个对拟解决的问题进行回答。

第 4 章　域名注册隐私保护技术测量研究

4.1　本 章 引 论

根据现行域名注册管理规范，申请域名注册的个人需提供准确的姓名、电话、邮寄地址等个人信息，构成域名注册数据。长期以来，域名注册数据通过 WHOIS 协议向任意互联网主机提供读取权限，已被相关研究和数据窃取事件证明存在隐私泄露的安全风险。随着近年来国家层面隐私保护法律的相继出台，部分域名注册数据受到管辖，不宜继续提供公开访问权限；相应地，ICANN 于 2018 年出台技术规范，明确域名注册机构需对注册数据部署访问控制措施。然而，一系列网络安全基础研究的开展均依赖公开的域名注册数据，因此可能受到隐私保护技术的制约。在相关规范出台数年后，尚不清楚全球域名注册机构对数据访问控制措施的部署情况和现实缺陷，也不清楚受隐私保护技术影响的网络安全基础研究规模。

本章针对域名注册隐私保护技术，提出并实现了基于文本相似性特征的数据隐私合规性分析系统WPMS（WHOIS privacy measurement system）。为进行大规模测量研究，WPMS基于 2 年内收集的 12.4 亿条域名注册数据，分析了全球域名注册机构的隐私保护技术部署现状。随后，基于 2005 年以来发表于 5 个主要网络安全国际会议的学术论文，定量分析受域名注册隐私保护技术影响的网络安全基础研究。最后，根据主要结论向政策和规范制定者、域名注册机构以及网络安全研究者等方面提出具体建议。

本章后续内容的组织结构如下：4.2 节介绍域名注册隐私保护技术和基础观察；4.3 节提出基于文本相似性特征的数据隐私合规性分析系

统WPMS并论述各模块功能；4.4 节论述系统的大规模实现和结果评估；
4.5 节对全球域名注册机构的隐私保护合规性测量结果进行分析；4.6 节
论述域名注册隐私保护技术对网络安全基础研究的普遍制约；4.7 节进行
讨论和提出建议；4.8 节为本章内容小结。

4.2　域名注册隐私保护技术基础观察

本节首先介绍现行域名注册数据临时规范及其关于数据隐私保护的
要求，随后观察得到可用于进行大规模测量的数据文本相似性特征。

4.2.1　域名注册数据临时规范

根据 ICANN 与域名注册机构签署的协议[17,51]，各机构需准确收集域名
注册人的个人信息和联系方式，并通过 WHOIS 协议提供各自管辖域名注
册数据的公开查询接口。一直以来，针对域名注册数据的隐私保护仅作为可
选服务向域名注册人有偿提供（例如 WhoisGuard[150]），在域名注册数据
中使用服务提供商的信息替换注册人的真实信息。然而，近年来随着国家层
面隐私保护法律的出台，部分域名注册数据受法律管辖，其隐私保护逐渐成
为强制要求：例如，欧盟于 2018 年 5 月 25 日起施行的通用数据保护条例
（General Data Protection Regulation，GDPR）规定，全球任何机构在处
理和公开欧洲公民的个人信息前需经过明确许可（consent）。

针对受 GDPR 等法律管辖的域名注册数据，ICANN 于 2018 年 5
月 17 日出台了《通用顶级域（gTLD）注册数据临时规范》[19]（以下简
称《临时规范》），对其隐私保护提出要求。《临时规范》适用于全球所有
提供 gTLD（例如 .com 和 .net）域名注册服务的机构，包含注册局和注
册商。具体地，各机构的 WHOIS 查询接口需对其返回的域名注册数据
$wr \in WR$ 按照如下方式处理：

1. 隐去个人信息

使用匿名字符串 $anon\_string$ 隐去 wr 中的域名注册人（组织、国家、
省份和电子邮件地址除外）、管理联系人和技术联系人（电子邮件地址除外）
字段值。匿名字符串 $anon\_string$ 应选用 "redacted for privacy" 或具有

相似含义的其他字符串。该要求同时适用于注册局和注册商，表示如下：

$$
\begin{cases}
E_{\mathrm{c}} = \{\text{"organization"}, \text{"country"}, \text{"state"}, \text{"email"}\} \\
E_{\mathrm{m}} = \{\text{"email"}\} \\
K'_{\mathrm{contact}} = \left(\{\text{"registrant"}\} \times \complement_{\mathrm{Item}} E_{\mathrm{c}}\right) \cup \left(\{\text{"admin"}, \text{"tech"}\} \times \complement_{\mathrm{Item}} E_{\mathrm{m}}\right) \\
\forall k \in K'_{\mathrm{contact}}, \; parse(wr, k) = anon\_string
\end{cases}
\tag{4.1}
$$

2. 匿名电子邮件

使用匿名电子邮件地址 $anon\_email$ 替换 wr 中的域名注册人、管理联系人和技术联系人电子邮件地址字段值。匿名电子邮件地址 $anon\_email$ 可以是经随机化处理的电子邮件地址（例如 0123456789abcdef@example.com）或指向网页表单的 URL（例如 https://registrar.com/whois?id=123）；通过访问 $anon\_email$ 应能直接与域名注册人取得联系。该要求仅适用于注册商，表示如下：

$$
\begin{cases}
K_{\mathrm{email}} = Person \times E_{\mathrm{m}} \\
\forall k \in K_{\mathrm{email}}, \; parse(wr, k) = anon\_email
\end{cases}
\tag{4.2}
$$

3. 适用范围和时间

为避免全球域名注册数据出现大面积损失，《临时规范》根据出台同期施行的 GDPR 法律划定适用上述要求的数据范围。具体地，当域名注册人国家位于欧洲经济区（european economic area，EEA）[①]，即当表达式

$$
parse\left(wr, \langle\text{"registrant"}, \text{"country"}\rangle\right) \in EEACountry
\tag{4.3}
$$

成立时上述要求适用，域名注册数据 wr 应同时满足式（4.1）和式（4.2）。特别地，经域名注册人许可无须隐去个人信息的情况除外。当域名注册人位于全球其他地区，即式（4.3）不成立时，《临时规范》不进行明确要求，由各域名注册机构自行确定上述要求是否适用。为满足 GDPR 法律的要求，各机构应当在其施行日期（即 2018 年 5 月 25 日）前完成对各自管辖域名注册数据的隐私保护。

---

① 截至 2022 年 5 月，欧洲经济区（EEA）包括 27 个欧盟成员国以及冰岛、列支敦士登和挪威。为便于描述，将 EEA 成员国的名称集合记为 $EEACountry$。

4.2.2　域名注册数据的文本相似性特征

《临时规范》要求域名注册机构使用匿名字符串 *anon_string* 对其管辖的域名注册数据进行隐私保护，但并未强制要求使用统一的 *anon_string* 值。向部分机构的 WHOIS 接口发起查询即可证实，除推荐值"redacted for privacy"外，各机构采用的 *anon_string* 值可能不相同（例如"obfuscated WHOIS"、"statutory masking enabled"或"not disclosed"），甚至存在语言差异（例如西班牙语字符串"privacidad WHOIS"）或包含伪随机子串（例如"customer no.123"）。因此，在无法枚举匿名字符串取值的情况下，不能通过简单匹配的方式判断单条域名注册数据是否满足式（4.1）和式（4.2）。

来自域名注册机构的公开资料[151-153] 显示，同一机构在执行《临时规范》时一般采用相同的 *anon_string* 和 *anon_email*（指除伪随机化子串外的部分），以实现对其管辖数据的自动化批量替换操作。因此，对于同一机构的批量域名注册数据集合 *WhoisRecSet*，可使用其中各条域名注册数据的文本相似性特征衡量该机构的隐私保护合规性（compliance）。图 4.1 描述了该方法的基本思想，其中各圆点表示由同一机构管辖的、经向量化处理的域名注册数据文本投影。具体地，若该机构对自身管辖域名注册数据的隐私保护合规，由于匿名字符串的统一替换操作，各条数据将呈现高度的文本相似性；应用聚类算法后，被保护的各条数据文本将聚集成簇（cluster）。相反，如果未进行隐私保护，由于不同域名注册人的信息存在差异，各条数据呈现的文本相似性低；应用聚类算法后，未被保护的各条数据文本无法成簇并将被标记为离群点（outlier）。

图 4.1　基于文本相似性特征判定数据隐私保护合规性的基本思想

4.3　域名注册隐私保护技术测量研究方案

本节提出了基于文本相似性特征的数据隐私合规性分析系统WPMS；在概述系统整体结构的基础上，详细论述各组成模块的设计思路和主要功能。

4.3.1　系统概述

WPMS系统的整体目标为：测量全球域名注册机构是否符合《临时规范》关于数据隐私保护的要求，即判断各机构管辖的域名注册数据是否同时满足式（4.1）和式（4.2）。系统采用数据驱动的设计思路，其架构如图 4.2 所示，包含数据源、数据预处理模块和数据隐私保护分析模块。数据源包含不同时期从全球域名注册机构的 WHOIS 查询接口获取的域名注册数据。为分析各机构的隐私保护合规性随时间的变化，数据预处理模块将数据源中的各条数据按域名注册机构、域名注册人地区、获取时间等属性进行分组；同时，通过数据清洗将可能干扰合规性判定算法的伪随机子串进行归一化处理，形成域名注册数据语料库。最后，数据隐私保护分析模块分别处理各组语料库，经特征提取、离群点标记、命名实体识别等步骤，判定各域名注册机构的隐私保护合规性。

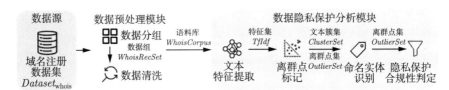

图 4.2　WPMS系统架构

4.3.2　数据源

由于全球域名注册机构数量众多，各机构的 WHOIS 接口普遍存在查询速率限制，且返回的数据格式并不完全一致[53]（即不存在函数 *parse* 的统一实现），此前一系列工作使用的域名注册数据集在规模和覆盖范围方面均存在较大的局限性。WPMS使用 360 公司下属网络安全研究院[154]提供的工业级别历史域名注册数据作为数据源，其统计信息如表 4.1 所示。数据集包含 2018 年 1 月至 2019 年 12 月期间，通过 WHOIS 协议从全球域名注册机构主动获取的域名注册数据共计 12.4 亿条。在域名覆盖率方面，数据集共包含 783 个顶级域下 2.6 亿个域名的注册数据，其中 13.4% 的域名创建时间早于 2010 年，12.2% 的域名由欧洲经济区注册人持有。在数据来源方面，从注册商获取的数据占比为 70.4%，其余数据从注册局获取。将该数据集记为 $Dataset_{\text{whois}}$。

表 4.1　域名注册数据集概览

收集	计数		域名创建时间		域名注册人地区		数据来源	
年份	数据条目	域名	2010 年前	2010 年后	EEA	其他	注册商	注册局
2018	659 184 231	211 614 203	15.7%	84.3%	12.9%	87.1%	71.3%	28.7%
2019	583 179 357	215 772 034	14.5%	85.5%	12.4%	87.5%	72.9%	27.1%
2018 & 2019	1 242 363 588	267 634 833	13.4%	86.6%	12.2%	87.8%	70.4%	29.6%

4.3.3　数据预处理模块

数据预处理模块将 $Dataset_{\text{whois}}$ 中的各条数据按照属性分组并进行数据清洗，形成输入后续模块的域名注册数据语料库。模块的各功能详细描述如下：

1. 数据分组

根据《临时规范》的具体要求，WPMS系统需分别分析各域名注册机构对不同地区（即 EEA 和全球其他地区）域名注册数据的隐私保护合规性。将 $Dataset_{\text{whois}}$ 中的数据按获取时间分组，以观察隐私保护合规性的长期变化。具体地，对于各 $wr \in Dataset_{\text{whois}}$，定义分组属性：

$$
\begin{cases}
group\_key := \langle provider, region, time\_window \rangle \\
provider = parse\,(wr, \langle \text{“domain”}, \text{“whois\_server”} \rangle) \\
region = \begin{cases} \text{“eea”,} & parse\,(wr, \langle \text{“registrant”}, \text{“country”} \rangle) \in EEACountry \\ \text{“other”,} & parse\,(wr, \langle \text{“registrant”}, \text{“country”} \rangle) \notin EEACountry \end{cases}
\end{cases}
\tag{4.4}
$$

时间窗口 $time\_window$ 可根据分析粒度灵活选取，例如从 2018 年 1 月 1 日（即 $Dataset_{\text{whois}}$ 包含的最早日期）起以周或月为单位分组。将 $Dataset_{\text{whois}}$ 中具有相同分组属性的所有域名注册数据构成集合。为描述方便，当 $group\_key = \langle p, r, t \rangle$ 时，将对应的数据集合记为 $WhoisRecSet_{\langle p,r,t \rangle}$。

2. 数据清洗

各域名注册机构采用的匿名字符串和匿名电子邮件地址可能包含伪随机（pseudonymized）子串。即使其符合隐私保护要求，伪随机子串将导致各文本间的相似性降低进而影响合规性判定算法，因此需要被替换为固定值 $const\_string$。根据对 $Dataset_{whois}$ 的人工抽样分析，常见的伪随机子串包含域名本身（例如 "owner of example.com"）、纯数字（例如 "customer no.123"）、经哈希（hash）函数处理后的电子邮件地址主机名部分（例如 "0123456789abcdef@example.com"），以及网页表单 URL 的路径参数（例如 "https://registrar.com/whois?id=123"）。此外，各 $WhoisRecSet$ 在输入后续模块前，需要被转换为可用于文本特征提取和聚类算法的语料库 $WhoisCorpus$。采用的转换方法为：对于各 $wr \in WhoisRecSet$，提取其中所有被列入《临时规范》隐私保护要求的字段值构成集合：

$$ValueSet = \{v|v = parse(wr, k),\ k \in K'_{contact} \cup K_{email}\} \tag{4.5}$$

将 $ValueSet$ 中包含的各值使用制表符（tab character，"\t"）进行拼接，形成 wr 对应的文本 $whois\_text$。具有相同分组属性的所有文本即构成语料库。类似地，当 $group\_key = \langle p, r, t \rangle$ 时，将对应的语料库记为 $WhoisCorpus_{\langle p,r,t \rangle}$。算法 4.1 具体描述了数据清洗步骤的执行过程。

算法 4.1 域名注册数据清洗算法 SANITIZEWHOISRECORDS

输入：$WhoisRecSet$

输出：$WhoisCorpus$

1: **function** SANITIZEWHOISRECORDS($WhoisRecSet$)
2:     **for** $wr \in WhoisRecSet$ **do**
3:         $whois\_text \leftarrow$ empty string
4:         $ValueSet \leftarrow$ empty set
5:         **for** $k \in K'_{contact}$ **do**
6:             $new\_str \leftarrow$ SANITIZEPSEUDOSTR($parse(wr, k), parse(wr, \langle$"domain", "name"$\rangle)$)
7:             $ValueSet.append(new\_str)$
8:         **end for**
9:         **for** $k \in K_{email}$ **do**
10:            $new\_str \leftarrow$ SANITIZEEMAILSTR($parse(wr, k)$)
11:            $ValueSet.append(new\_str)$

```
12:          end for
13:          for v ∈ ValueSet do
14:               whois_text.concat(v + "\t")
15:          end for
16:          WhoisCorpus.append(whois_text)
17:     end for
18:     return WhoisCorpus
19: end function
20:
21: function SANITIZEPSEUDOSTR(string, domain)
22:     new_str ← string.replace(domain, const_string)
23:     string.replace(all numerical substrings, const_string)
24:     return new_str
25: end function
26:
27: function SANITIZEEMAILSTR(string)
28:     if string is an email address then
29:          new_str ← string.replace(the local-part of the email address,
     const_string)
30:     else
31:          new_str ← the domain part of the URL
32:     end if
33:     return new_str
34: end function
```

4.3.4　数据隐私保护分析模块

数据隐私保护分析模块对各语料库进行离群点标记和命名实体识别，并根据输出的离群点比例序列分析得出各域名注册机构对不同地区注册数据的隐私保护合规性。模块的各功能详细描述如下：

1. 文本特征提取

计算各 $whois\_text \in WhoisCorpus$ 的 TF-IDF[155] 特征向量。TF-IDF 是一种应用广泛的统计分析方法，以语料库中各词的词频（term frequency，TF）和逆向文件频率（inverse document frequency，IDF）作为特征，常被用于文本聚类分析任务。指定 TF-IDF 算法使用制表符（tab character，由数据清洗算法引入）、空格（white space）和标点符号作为 *whois_text* 中各词的分隔符。将输出的特征向量集合记为 *TfIdf*。

2. 离群点标记

选用基于密度的有噪声应用空间聚类（density-based spatial clustering of applications with noise，DBSCAN）算法[156] 将未被保护的域名注册数据文本标记为离群点。DBSCAN 能够将具有足够高密度的任意形状区域划分为簇，其复杂度适用于规模较大的数据集，同时，其无须提前明确目标簇的数量，适合分析同时采用多种隐私保护技术的域名注册机构。指定最小成簇样本数量 $min\_samples = 25$。在特征向量集合 *TfIdf* 上应用 DBSCAN 算法，并建立各特征向量到其原本域名注册数据的映射。记算法输出的文本簇构成的集合为 *ClusterSet*，离群点构成的集合为 *OutlierSet*。

3. 命名实体识别

除由被保护数据构成的簇外，由于同一域名注册人可能持有多个甚至大量域名，*ClusterSet* 中还可能存在由多条（即大于 $min\_samples$ 条）未经隐私保护但包含相同个人信息的数据构成的簇。需要移除此类簇并将其中各条数据标记为离群点。与被保护的数据不同，此类成簇的数据包含注册人的姓名等信息，因此采用命名实体识别（named-entity recognition，NER）算法进行检测。具体地，对各 $Cluster \in ClusterSet$，使用 Stanford CoreNLP 自然语言处理工具[157] 中的 NER 解释器检查其中各条域名注册数据；若 $\exists wr \in Cluster$ 使得解释器在 wr 中识别到被标记为人名（PERSON）或地名（LOCATION）的词，则将 $Cluster$ 从 *ClusterSet* 中移除，并将 $Cluster$ 中的各条数据全部列入 *OutlierSet*。

4. 隐私保护合规性判定

计算各组域名注册数据的离群点比例为：

$$outlier\_ratio = \frac{|OutlierSet|}{|WhoisRecSet|} \tag{4.6}$$

根据前文描述，$outlier\_ratio_{\langle p,r,t \rangle}$ 即代表在 $WhoisRecSet_{\langle p,r,t \rangle}$ 中检出未经隐私保护的域名注册数据比例。由于 DBSCAN 算法存在最小成簇样本数量要求，当 $|WhoisRecSet| < min\_samples$ 成立时始终无法成簇，此时记离群点比例为无效值。

根据《临时规范》要求，机构在得到域名注册人许可的情况下可不对其数据进行隐私保护处理，因此不能直接认为 $|OutlierSet| > 0$ 即代表隐私保护不合规。通过与主流域名注册机构进行讨论，结合人工抽样数据分析得知，经域名注册人许可的情况一般不超过 5%。因此，选取该经验值作为阈值，当 $outlier\_ratio_{\langle p,r,t \rangle} < 0.05$ 成立时判定针对 $WhoisRecSet_{\langle p,r,t \rangle}$ 的隐私保护合规，否则即为不合规。

取域名注册机构在不同时间窗口的离群点比例构成序列，以分析其长期的整体合规性。对于给定域名注册机构 $prov$ 和域名注册人地区 reg，将由各时间窗口的离群点比例构成的集合记为 $OutlierRatioSeq_{\langle prov,reg \rangle}$。将该集合进一步按照时间窗口所在年份拆分为两个子集，分别记为 $OutlierRatioSeq_{\langle prov,reg,2018 \rangle}$ 和 $OutlierRatioSeq_{\langle prov,reg,2019 \rangle}$。由于《临时规范》的生效时间为 2018 年 5 月，$OutlierRatioSeq_{\langle prov,reg,2018 \rangle}$ 主要用于分析各机构开始部署隐私保护技术的具体时间。使用 2019 年的离群点比例集合判定整体合规性：指定参数 min_window，当 $OutlierRatioSeq_{\langle prov,reg,2019 \rangle}$ 中存在多于 min_window 个值小于 0.05 时，即判定机构 $prov$ 对 reg 地区域名注册数据的隐私保护合规。由于集合中可能存在无效的离群点比例值，取 $min\_window = 0.8 \times |OutlierRatioSeq_{\langle prov,reg,2019 \rangle}|$。

算法 4.2 具体描述了数据隐私保护分析模块处理语料库 $WhoisCorpus$ 输出离群点比例 $outlier\_ratio$ 和隐私保护合规性 $privacy\_compliance$ 的过程。

算法 4.2　域名注册数据隐私保护分析算法 EVALPRIVACY

输入： $WhoisCorpus$

输出： $outlier\_ratio, privacy\_compliance$

```
 1: function EVALPRIVACY(WhoisCorpus)
 2:     TfIdf ← TFIDFTRANSFORM(WhoisCorpus)
 3:     ClusterSet, OutlierSet ← DBSCAN(TfIdf)
 4:     NERANNOTATOR(ClusterSet, OutlierSet)
 5:     if SIZEOF(WhoisCorpus) < min_samples then
 6:         outlier_ratio ← Invalid
 7:         privacy_compliance ← Invalid
 8:     else
 9:         outlier_ratio ← SIZEOF(OutlierSet) / SIZEOF(WhoisCorpus)
10:         if outlier_ratio < 0.05 then
```

```
11:              privacy_compliance ← True
12:          else
13:              privacy_compliance ← False
14:          end if
15:      end if
16:      return outlier_ratio, privacy_compliance
17: end function
```

4.4　系统实现与评估

本节介绍WPMS系统的具体实现，并对系统的准确性进行验证。结果表明，WPMS对未经隐私保护的域名注册数据的识别准确率达到 98.4%，输出的最终隐私保护合规性均正确，能够用于完成大规模测量任务。

4.4.1　系统实现

WPMS采用 Python 语言并基于 MapReduce 架构[158] 实现，其中的文本特征提取和离群点标记使用 scikit-learn 机器学习程序库[159] 的相关方法。系统在 Hadoop 集群[160] 系统上运行。具体地，数据预处理模块的全部功能由程序的 Map 任务实现，数据隐私保护分析模块的全部功能由 Reduce 任务实现。Map 任务输出经分组后的各域名注册数据语料库，各语料库随即被分配给不同的 Reduce 任务并行处理。由于集群中单台机器的处理能力限制（内存不超过 2GB），无法处理超大规模和超高维度的 TF-IDF 特征向量集，在各域名注册数据集合中至多选择 20 000 条随机样本执行文本特征提取和离群点标记步骤。当集群的并行任务数量设置为 1000 时，WPMS大约需要 43h 完成对 $Dataset_{whois}$ 中所有数据的分析。

4.4.2　结果验证

WPMS的准确性取决于能否将未经隐私保护的数据标记为离群点，并因此通过离群点比例判定隐私保护合规性。为进行准确性验证，从 $Dataset_{whois}$ 中抽取 50 000 条域名注册数据并人工标记各条数据的隐私保护合规性，即判断其是否同时满足式（4.1）和式（4.2）。抽取规则如下：根据 ICANN 公布的各域名注册机构管辖域名规模[161]，随机抽取

$Dataset_{whois}$ 中前 50 个机构于 2019 年 12 月（即《临时规范》生效后 $Dataset_{whois}$ 包含的最晚月份）释出的域名注册数据各 1000 条；将该域名注册数据样本集记为 $TestSet$。经人工标记，$TestSet$ 中 5647 条域名注册数据的隐私保护不合规（占比为 11.3%），即包含域名注册人的真实信息；共 8 家域名注册机构的未经保护的数据比例高于 5%，应判定为不合规。

　　使用 WPMS 处理 $TestSet$。系统将数据按照机构分组后执行算法 4.2，共标记离群点数据 4691 条，其中 4620 条同时被人工标记为不合规，准确率为 98.4%，召回率为 81.8%。系统的漏报主要由 NER 算法的漏报引起，这导致离群点比例可能低于实际未经隐私保护的数据占比，使召回率偏低。然而，所有机构的离群点比例与其实际未经保护的数据占比均处于相同的区间（即均大于或均小于 5%），系统准确输出了所有机构的合规性，因此隐私保护合规性判定不受影响。

4.5　测量结果分析

　　本节分析由 WPMS 系统输出的测量结果。首先给出全球域名注册机构的整体合规情况，随后对各机构隐私保护技术的部署时间和具体措施进行分析。

4.5.1　整体合规性

　　由于《临时规范》明确要求各域名注册机构需对欧洲经济区域名注册数据进行隐私保护处理，因此需要首先分析域名注册人地区 $region =$ "eea" 时各机构的整体合规性。为进行长期、细粒度的分析，以各周为时间窗口（2018 至 2019 年，共 104 周）运行 WPMS，且仅分析离群点比例集合 $OutlierRatioSeq_{\langle prov, "eea"\rangle}$ 中有效值占比超过 90% 的机构。符合上述分析条件的机构共 143 个（包含 89 个注册商和 54 个注册局），均面向 EEA 地区广泛开展域名注册业务。根据 ICANN 公布的统计数据[161]，符合分析条件的注册机构管辖的域名数量达到所有已注册域名的 63.08%，其整体合规情况具有较强代表性。

1. 针对欧洲经济区域名注册数据的隐私保护合规性

　　由 WPMS 对 143 个域名注册机构的分析结果可知，124 个机构针对欧洲经济区数据的隐私保护整体合规，其中包含 73 个注册商和 51 个注

册局（占比为 86.7%），说明《临时规范》的要求已得到广泛执行。表 4.2

表 4.2　　部分域名注册机构的隐私保护合规性分析结果

机构类别	合规性	机构编号及名称 prov[1]	占有率/TLD[2]	各周离群点比例变化图[3] OutlierRatioSet(prov, "eea")	隐去个人信息[4] 匿名	空值	匿名电子邮件 类别	直联[5]
域名注册商	合规	ID-146 GoDaddy.com, LLC	29.1%		○	●	网页	●
		ID-69 Tucows Domains Inc.	4.68%		●	○	网页	○
		ID-2 Network Solutions, LLC	3.31%		●	○	邮件	○
		ID-48 eNom, LLC	2.64%		●	○	网页	●
		ID-895 Google LLC	1.94%		○	●	邮件	●
		ID-440 Wild West Domains, LLC	1.29%		○	●	网页	●
		ID-433 OVH sas	1.05%		○	●	邮件	●
		ID-625 Name.com, Inc.	0.93%		●	○	网页	●
		ID-9 Register.com, Inc.	0.82%		●	○	邮件	○
	不合规	ID-1068 NameCheap, Inc.	4.46%		○	○	邮件	●
		ID-1479 NameSilo, LLC	1.59%		○	○	邮件	●
		ID-472 Dynadot, LLC	0.93%		○	○	邮件	●
域名注册局	合规	Public Interest Registry (PIR)	1 (.org)		●	○	--	--
		Donuts Inc.	230		●	○	--	--
		XYZ.COM LLC	1 (.xyz)		○	●	--	--
	不合规	NeuStar, Inc.	1 (.us)		●	○	--	--
		Fundacio puntCAT	1 (.cat)		○	○	--	--
		Afilias, Inc.	28		○	●	--	--

注：● 采用（是），○ 未采用（否），-- 不适用。

1 "ID-" 后的数字部分为域名注册商编号，由 ICANN 分配（参见文献 [146]）；域名注册局无编号。

2 占有率/TLD 数：对注册商展示管辖域名数量占比（计算自文献 [161]），对注册局展示管辖 TLD 数量。

3 各周离群点比例变化图中缺失的点表示无效值，竖线为 GDPR 法律施行时间（2018 年 5 月 25 日）。

4 隐去个人信息：以匿名字符串或空字符串作为 *anon_string*。

5 直联：能否通过访问匿名电子邮件 *anon_email* 直接联系到注册人。

展示了部分域名注册机构及其合规性、各周离群点比例变化图和具体的数据隐私保护措施。

从上述结果也可得知，即使在《临时规范》和 GDPR 法律已生效一年后，部分域名注册机构的隐私保护状态仍不合规，其中包含 3 个注册局和 16 个注册商（占比为 13.3%）。通过人工观察各机构被标记为离群点的域名注册数据分析其不合规原因。结果显示，部分域名注册商未完整保护 K'_{contact} 和 K_{email} 明确的所有字段值：ID-447（SafeNames Ltd.）[1] 和 ID-2487（Internet Domain Service BS Corp）等 4 个注册商未按要求隐去注册人街道、地址和邮编字段值；对其管辖的部分数据，注册商 ID-81（Gandi SAS）和 ID-1725（Global Village GmbH）仅隐去了电子邮件地址字段值。此外，相关注册局未对 .us（由注册局 NeuStar, Inc 管辖）、.cat（由注册局 Fundacio puntCAT 管辖）和 .srl（由注册局 Afilias, Inc 管辖）域名的注册数据部署隐私保护技术，其各周离群点比例高达 90% 以上。公开资料[162] 表明，美国商务部曾于 2005 年裁定所有 .us 域名的注册数据均不得进行隐私保护。然而，此裁决目前与 GDPR 法律和《临时规范》的要求存在冲突，可能需要各方重新进行评估。

2. 针对全球其他地区域名注册数据的隐私保护合规性

使用 WPMS 对 143 个域名注册机构管辖的全球其他地区域名注册数据进行合规性分析。结果显示，即便《临时规范》未明确要求，80 个机构管辖的全球其他地区域名注册数据也已经整体合规（占比 55.9%）。结合 EEA 地区的分析结果，占比 64.5%（即 80/124）的机构在部署隐私保护技术时不区分注册人地区，超前对其管辖的所有域名注册数据均进行匿名化处理。因此，虽然《临时规范》的制定出发点为欧洲的 GDPR 法律，但是其对域名注册数据的影响是全球性的。由表 4.1 中关于 $Dataset_{\text{whois}}$ 的统计数据可知，EEA 注册人持有的域名仅占 13% 左右，但实际被保护的域名注册数据规模远超过该预期。

与多家主流域名注册机构进行线下讨论得知，机构普遍超前对全球其他地区域名注册数据进行隐私保护的原因主要包含以下方面。一是由

---

① 为描述方便，使用 ICANN 分配的编号[146] 指代各注册商。例如，ID-447 指代注册商 Safe-Names Ltd.。

于《临时规范》出台时间较晚，各机构在 GDPR 法律施行之前仅有一周时间部署隐私保护技术，难以在较短时间内实现对域名注册人地区的精确区分。二是近年来其他地区相关隐私保护法律陆续出台（例如美国《加利福尼亚州消费者隐私法案》（CCPA）、《中华人民共和国个人信息保护法》等），更多地区的域名注册人数据将可能受到法律管辖，超前对所有数据进行统一处理较为节省成本。然而，如此大规模的域名注册数据隐私保护将对网络安全基础研究产生普遍制约，4.6 节将对此进行论述。

4.5.2 隐私保护技术的部署时间

使用各周的离群点比例序列分析 124 个合规域名注册机构开始部署隐私保护技术的具体时间。具体地，对于机构 $prov$，取 $OutlierRatio\text{-}Seq_{\langle prov,\text{"eea"}\rangle}$ 中所有小于 0.05 的离群点比例值，其对应的最早时间窗口 $time\_window_{\min}$ 即为 $prov$ 开始部署隐私保护技术的周。

图 4.3 所示为 124 个合规机构的各周离群点比例变化趋势，其中每条实线各代表一个机构。分析结果表明，100 个机构在 GDPR 法律施行前及时部署了隐私保护技术（即 $time\_window_{\min}$ 早于 2018 年 5 月 25 日），占比为 80.6%；另有 11 个机构（例如注册商 ID-1659 Uniregistrar Corp）在部署时间上滞后超过一个月，即其隐私保护合规时间晚于 2018 年 6 月。在图 4.3 中将 GDPR 施行日期附近的离群点比例序列放大观察，发现大量机构的离群点比例在该日期之前一周才出现较为明显的下降，仅 2 个机构（即注册商 ID-1001 Domeneshop AS dba domainnameshop.com 和 ID-1666 OpenTLD B.V.）的合规时间早于 2018 年 5 月。此现象表明，各机构普遍在《临时规范》出台后（2018 年 5 月 17 日）、GDPR 施行前（2018 年 5 月 25 日）的仅一周内，才开始针对各自管辖的域名注册数据部署隐私保护技术。机构选择在《临时规范》出台后采取措施，表明其在此之前缺乏来自管理机构针对隐私保护技术的明确指导。然而，由于《临时规范》出台较晚，机构缺乏时间对其适用范围进行精确区分，导致普遍超前对全球域名注册数据进行大规模匿名化处理，与 4.5.1 节得出的结论吻合。

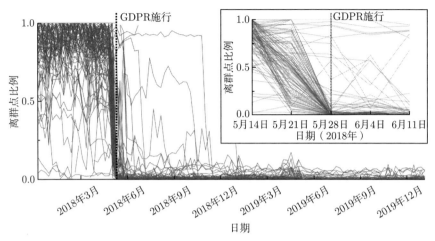

图 4.3　合规域名注册机构的各周离群点比例变化

4.5.3　具体隐私保护规则

对 124 个合规域名注册机构的成簇数据进行人工观察，可分析得到各机构针对隐去个人信息和匿名电子邮件两点要求采取的具体措施，例如通过观察 *anon_string* 和 *anon_email* 的具体值即可得知不同措施的实施情况等。

1. 隐去个人信息

分析机构如何使各自管辖的域名注册数据满足式（4.1）。结果表明，58 个合规机构（例如 ID-69 Tucows Domains Inc.）按照《临时规范》推荐方法，使用非空匿名字符串 *anon_string* 对 K'_{contact} 明确的所有字段值进行统一替换（占比 46.7%）。另有 63 个合规机构（例如 ID-146 GoDaddy.com, LLC）直接使用空字符串作为 *anon_string* 隐去个人信息（占比 50.8%）。此外，观察到剩余 3 个机构（例如 ID-1456 NetArt Registrar Sp. z o.o.）将此前有偿提供的隐私保护机制变更为免费服务并应用于所有数据，使用服务提供商的信息统一替换注册人的真实信息。

2. 匿名电子邮件

分析机构如何使各自管辖的域名注册数据满足式（4.2）。域名注册人电子邮件地址具有诸多应用场景，例如签发 TLS 数字证书（采用"域名验证"模式[70]）、向网站主披露安全漏洞[163-164]、进行域名转让询价等，因此《临时规范》不建议直接将其隐去，而是推荐使用匿名电子邮件地址 *anon_email* 对其进行保护。在 73 个合规注册商中，40 个采用指向网页表单的统一 URL（占比 54.7%），通过访问 URL 即可向域名注册人发送消息；12 个采用经随机化处理的电子邮件地址（占比 16.4%），向该地址发送的邮件将被转发至域名注册人的真实邮箱。表 4.3 列出了部分注册商采用的 *anon_email* 类别及具体值。

表 4.3　部分域名注册商针对电子邮件地址的隐私保护规则

类别	域名注册商		匿名电子邮件地址
	编号	名称	
网页表单	146	GoDaddy.com, LLC	https://www.godaddy.com/whois/results.aspx?domain=***.com
	440	Wild West Domains, LLC	https://www.secureserver.net/whois?plid=1387&domain=***.com
	625	Name.com, Inc.	https://www.name.com/contact-domain-whois/***.com/registrant
	1659	Uniregistrar Corp	https://uniregistry.com/whois/contact/***.com?landerid=whois
	151	PSI-USA, Inc.	https://contact.domain-robot.org/***.com
随机邮件地址	895	Google LLC	f*************7@proxyregistrant.email (valid for 5 days)
	433	OVH sas	g****************j@n.o-w-o.info
	291	DNC Holdings, Inc.	***.com-registrant@directnicwhoiscompliance.com
	1443	Vautron Rechenzentrum AG	a********q@domprivacy.de
	74	Online SAS	3*************9.1*****9@spamfree.bookmyname.com
其他	69	Tucows Domains Inc.	https://tieredaccess.com/contact/
	2	Network Solutions, LLC	abuse@web.com
	48	eNom, LLC	https://tieredaccess.com/contact/
	9	Register.com, Inc.	abuse@web.com
	141	Cronon AG	domaincontact@reg.xlink.net

注："***"表示伪随机部分。

　　然而，剩余占比 28.8% 的注册商并未满足通过访问 *anon_email* 直接联系注册人这一要求。15 个注册商（占比 20.5%）在其管辖的所有数据中均使用固定邮箱地址（例如 abuse@web.com）或普通网页 URL（例如 https://tieredaccess.com/contact/）作为 *anon_email* 替换注册人的真实电子邮件地址；6 个注册商（占比 8.2%）甚至直接使用 *anon_string* 直接隐去了电子邮件字段值。上述规则将阻碍依赖于直接联系域名注册人的多项网络安全应用,需要各机构及时修正。

4.5.4 长尾域名注册机构分析

上文对全球 143 个域名注册机构以周为时间窗口进行了长期分析。然而,仍有部分其他机构由于管辖域名数量较少,各周对应的域名注册数据在规模上无法达到聚类算法的最低要求,导致无法进行上述细粒度的分析。WPMS系统支持灵活设置时间窗口,可通过延长 $time\_window$ 的方式,使得各域名注册数据集合包含更多的条目,从而达到聚类分析要求。相应地,随着各时间窗口变长,经分组形成的域名注册数据集合数量将变少,因此对长尾域名注册机构只进行较粗粒度的分析,例如判定机构在某个特定时间窗口的隐私保护合规性。

为分析长尾域名注册机构,将 $time\_window$ 的长度由 1 周延长至 2 个月。$Dataset_{whois}$ 中由机构 $prov$ 管辖的、注册人地区为 reg 的所有数据将被划分为 12 个集合。为分析 $prov$ 近期的隐私保护合规情况,着重观察最后一个时间窗口(2019 年 11 至 12 月,记为 $last$)对应的离群点比例 $outlier\_ratio_{\langle prov,"eea",last\rangle}$ 和隐私保护合规性 $privacy\_compliance_{\langle prov,"eea",last\rangle}$。

1. 长尾域名注册局

在时间窗口 $last$ 内,符合最低聚类条件的注册局共 119 个,数量较已分析的 54 个增加了 120%。仅 6 个注册局被判定为不合规(占比 5.0%)。除前文已分析的 3 个不合规注册局外,管辖顶级域 .gs、.cx 和 .mn 的注册局也未部署隐私保护技术。新发现的不合规注册局均为国家顶级域(country code top-level domain,ccTLD)注册局,不属于《临时规范》的适用范围。然而,由于它们可能受 GDPR 法律管辖,建议及时部署隐私保护技术。

2. 长尾域名注册商

在时间窗口 $last$ 内,符合最低聚类条件的注册商共 137 个,数量较已分析的 89 个增加了 54%,其管辖域名总数量占比达到 72.8%。共 105 个注册商被判定为合规(占比 76.6%),因此同样可以得出结论,《临时规范》的要求得到了广泛执行。然而,管辖域名数量较少的长尾注册商的合规性总体更差。在 32 个被判定为不合规的注册商中，21 个管辖的域名比例小于 0.07%（占比 65.6%），因此需要加强对于小型域名注册商的隐私保护合规性监督。图 4.4 将各注册商在 2019 年 11 月至 12 月期间的合规性及其管辖域名比例进行了关联展示：各方格的尺寸代表注册商管辖的域名数量占比（计算自 ICANN 统计数据[161]），颜色代表离群点比例 $outlier\_ratio_{\langle prov,reg,last\rangle}$。从图中可更加直观地观察《临时规范》对于全球域名注册数据的影响，大量数据中的个人信息已被匿名化处理，不再公开可用。

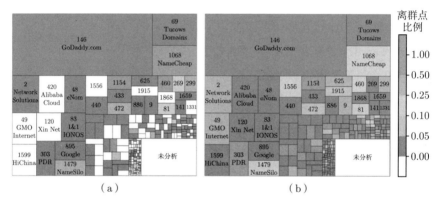

图 4.4　域名注册商的隐私保护合规性和管辖域名比例（见文前彩图）

（a）欧洲经济区数据；（b）全球其他地区数据

4.6　隐私保护技术对网络安全基础研究的影响

长期以来，域名注册数据被大量的网络安全基础研究和系统所依赖，其作为核心数据源被广泛用于网络欺诈检测、网络犯罪溯源和威胁情报生产等领域。然而WPMS的分析结果表明，自 2018 年 5 月起全球大量域名注册数据中的个人信息已被匿名字符串保护，包括非 EEA 地区的数据。域名注册隐私保护技术将可能对一系列网络安全基础研究产生制约，例如常见的网络犯罪团伙追踪任务，将无法继续通过域名注册人信息聚类[165-168] 的方式完成。2018 年，一项针对 327 位网络安全从业者的用户调查[169] 显示，超过 85% 的受访者认为其安全业务受到了域名注册隐私保护技术的制约，为维持现有业务可能需要寻找替代数据源；一些网络安全博客[20-22] 也曾对该问题进行过简要描述和举例论证，但未进行系统性的定量分析。本节从历史发表的学术论文的角度出发，定量给出依赖于域名注册数据的网络安全基础研究规模，并分析域名注册隐私保护技术的具体影响。

4.6.1　学术论文获取

任务的核心目标表述为：在历史发表的网络安全相关学术论文中，识别依赖于域名注册数据的所有研究，并对其具体用途和应用场景进行整理和分析。首先，基于 Chromium 浏览器[170] 实现 Web 爬虫，从官方网站下载 2005 年以来发表于 4 个网络安全领域国际顶级会议（包含 IEEE S&P、USENIX Security Symposium、ACM CCS 和 ISOC NDSS）和 1 个网络测量领域国际顶级会议（ACM IMC）的所有学术论文共 4304 篇。其次，在所有论文中搜索域名注册相关关键词（例如"WHOIS"和"domain"），将不含任何关键词的论文视为无关研究；经关键词过滤后，剩余 193 篇论文。最后，由三位经验丰富的网络安全研究人员对 193 篇论文进行逐一阅读，过滤无关研究（例如依赖 IP 地址注册数据的研究，由于同样包含关键词"WHOIS"而被保留）；经人工过滤后，确认 51 篇论文进行的研究工作依赖域名注册数据。

4.6.2　影响规模分析

统计结果表明，网络安全基础学术研究对域名注册数据的依赖程度逐年增加，相关工作的数量随时间推移呈现增长趋势。在 51 篇相关学术论文中，多达 40 篇于近 5 年发表（占比 78.5%），平均每年有 8 项依赖域名注册数据的研究工作发表于 5 个国际顶级学术会议；于 2016 年发表的研究成果数量最多，达到 11 篇（占比 21.6%）。

根据各项研究依赖的具体域名注册数据字段，确定其是否受隐私保护技术影响。人工阅读分析结果表明，共 35 项研究工作（占比 69%）使用了《临时规范》要求隐去的字段值（即 $K'_{contact}$ 和 K_{email} 明确的字段），因此将受到隐私保护技术的影响。表 4.4 列出了 35 篇学术论文的基本信息、依赖的域名注册数据字段和具体用途。为维持现有业务和系统准确性，上述研究方案可能需要替代数据源或重新进行系统设计。将域名注册数据的用途进一步分类如下：测量（用于测量任务，共 21 项研究）、检测（用于检测系统数据集标记或作为部分特征来源，共 8 项研究）、验证

（用于验证检测系统的输出结果，共 3 项研究）、披露（用于向域名注册人披露相关漏洞，共 4 项研究）。剩余 16 项研究工作（占比 31%）虽然依赖域名注册数据，但是其使用的具体字段不在《临时规范》要求保护的范围内（例如域名创建时间"created_date"和域名注册数据更新时间"updated_date"），因此不受隐私保护技术的影响。

表 4.4　　受域名注册隐私保护技术影响的网络安全学术研究

研究领域	论文及文献引用	使用的域名注册数据字段			用途分类	数据用途备注
		注册人	管理/技术人	电子邮件		
域名系统安全	Paxson13 [171]	✓	✓		验证	用于验证检出的隐蔽信道
	Alrwais14 [129]	✓	✓	✓	检测	用于检测域名类别
	Halvorson15 [40]	✓		✓	测量	用于识别域名注册人
	Vissers15 [130]	✓	✓	✓	测量	用于识别域名注册人
	Plohmann16 [172]	✓			测量	用于分析域名用途
	Chen16 [41]			✓	测量	用于识别域名注册人
	Vissers17 [96]	✓		✓	检测	用于构成攻击向量
	Liu17 [142]	✓	✓		测量	用于识别域名注册人
	Alowaisheq19 [173]	✓		✓	测量	用于识别恶意域名
	Sivakorn19 [174]	✓			检测	用于生成检测特征
	Le Pochat20 [175]	✓		✓	检测	用于生成检测特征
网络欺诈检测	Christin10 [165]	✓	✓	✓	测量	用于识别网络欺诈团伙
	Reaves16 [166]	✓			测量	用于识别网络钓鱼团伙
	Miramirkhani17 [176]			✓	测量	用于欺诈域名聚类
	Kharraz18 [177]	✓	✓		测量	用于欺诈域名聚类
	Bashir19 [178]	✓			测量	用于广告域名聚类
网络犯罪溯源	Wang13 [168]	✓		✓	测量	用于识别恶意域名注册人
	Khan15 [179]	✓			检测	用于检测抢注域名
	Du16 [167]	✓			测量	用于识别恶意域名注册人
	Yang17 [180]			✓	测量	用于分析地下产业组织
隐私保护	Zimmick17 [181]	✓	✓		测量	用于分析用户追踪行为
	Ren18 [182]	✓		✓	检测	用于检测受害域名
	Vallina19 [183]	✓			测量	用于识别网站主
HTTPS数字证书	Delignat-Lavaud14 [184]	✓	✓		验证	用于识别域名注册人
	Cangialosi16 [185]			✓	测量	用于识别域名注册人
	Roberts19 [186]			✓	检测	用于识别域名注册人

续表

研究领域	论文及文献引用	使用的域名注册数据字段			用途分类	数据用途备注
		注册人	管理/技术人	电子邮件		
移动安全	Alrawi19 [187]	✓	✓	✓	检测/披露	用于数据标记及漏洞披露
	Van Ede20 [188]	✓	✓		验证	用于流量聚类
Web安全	Rafique16 [189]	✓	✓	✓	测量	用于识别域名注册人
	Roth20 [190]			✓	披露	用于向域名注册人披露漏洞
其他	Liu15 [53]	✓	✓	✓	测量	用于分析域名注册数据格式
	Stock16 [163]	✓	✓	✓	披露	用于向域名注册人披露漏洞
	Szurdi17 [191]	✓		✓	测量	用于域名注册人聚类
	Farooqi17 [192]	✓			测量	用于识别域名注册人
	Stock18 [164]	✓	✓	✓	披露	用于向域名注册人披露漏洞

注:"✓"为使用,空白为未使用。

4.7　讨论与建议

通过提出并实现基于文本相似性特征的数据隐私合规性分析系统,本章共对全球 256 个域名注册机构的合规性进行了评估。测量结果表明,多数机构已按照《临时规范》要求对欧洲经济区的域名注册数据进行隐私保护处理,甚至超前保护了数量更多的全球域名注册数据。此外,隐私保护技术的大规模部署导致域名注册数据不再可用,对网络安全基础研究产生了普遍制约。少数机构仍然未能满足现行规范要求,建议进行及时修正。为帮助域名注册机构自查其隐私保护合规性,通过开发在线工具的方式,将WPMS系统的测量结果对全球机构开放。

根据主要结论,在与 ICANN 和知名域名注册机构进行讨论的基础上,向相关方面提出以下具体建议:

1. 政策和规范制定方面

《临时规范》的出台时间为 2018 年 5 月 17 日,距离 GDPR 法律的施行日期(2018 年 5 月 25 日)仅有一周。各域名注册机构具体部署隐私保护技术的时间窗口过短,无法对《临时规范》的适用范围进行精确理解和区分,因此普遍超前对所有域名注册数据进行匿名化处理,并最终导致全球大规模的域名注册数据不再可用。事实上,GDPR 法律早在 2016 年即已颁布，在其正式施行前留有两年的缓冲期限。技术社区今后在面对新的司法要求时（例如美国《加利福尼亚州消费者隐私法案》（CCPA）、《中华人民共和国个人信息保护法》等），需要和司法机构建立更为高效的沟通和讨论机制，以便能够更早地制定并公布具体的技术规范，为其具体执行和部署留出充足的时间。

此外，与部分域名注册机构的讨论表明，《临时规范》对于适用范围的表述语言较为模糊并可能导致理解歧义，使得机构主动将其适用范围扩大至全球域名注册数据。因此，技术规范制定者（例如本例中的 ICANN）需要更加明确各机构需采取的具体措施，并制定统一的合规性检查标准或开发合规性检查工具。

2. 域名注册机构方面

少数机构仍然未部署《临时规范》明确的隐私保护技术，或仅对要求的部分字段值进行匿名化处理，建议及时进行修正。为帮助域名注册机构自查其隐私保护合规性，通过开发在线工具①，将WPMS系统的测量结果对全球机构开放。域名注册机构可通过该在线工具，获取其隐私保护合规性以及具体的离群点比例（未进行匿名化处理的域名注册数据比例）序列。目前，已有部分注册商（例如 ID-1068 NameCheap, Inc.，其管辖域名数量位于全球第 4）使用该工具进行自查。

3. 网络安全研究者方面

由于大规模的域名注册数据目前已不再可用，需要对以此为数据源的网络安全研究和系统（例如恶意域名检测业务）进行评估，必要时需要进行调整或重新设计（例如移除由域名注册数据构成的特征）。此外，需要积极推动域名注册机构开放特殊数据访问渠道和应用程序接口（application programming interface，API），以便以研究者的身份获取未经匿名化处理的域名注册数据。事实上，部分域名注册机构已开始提供此类特殊数据访问渠道（例如注册商 Tucows 提供的分级数据访问控制系统 Tiered Access[193]），供网络安全研究者或其他具有正当数据需求的非商业机构使用。同时，可以推进对其他数据匿名化处理方式的研究和评估，以达到隐私性和可用性的平衡：例如，评估通过模糊哈希（fuzzy hashing）

---

① 在线工具地址：https://whoisgdprcompliance.info/

技术实现数据匿名化处理的可行性。

4.8　本 章 小 结

在域名注册层面，针对域名基础数据与用户隐私的冲突，引入域名注册隐私保护技术，实现对注册人隐私信息的访问控制和匿名化处理。本章首次提出并实现了基于文本相似性特征的数据隐私合规性分析系统WPMS，证实隐私保护技术的广泛部署导致全球大规模域名注册数据不再公开可用。同时，通过对已发表的学术论文进行定量分析，证实了域名注册隐私保护技术对网络安全基础研究产生普遍制约，大量方案因此需要重新进行设计。基于上述测量结果，本章向政策和规范制定者、域名注册机构以及网络安全研究者等方面提出了具体建议。研究成果推动形成了针对数据隐私保护规范的改进提案[34]，对未来域名基础数据安全管理规范的制定和部署具有重要参考价值。

第 5 章　域名解析安全增强技术测量研究

5.1　本 章 引 论

普通域名协议的设计采用基于 UDP 的明文传输模式，不提供报文的保密性和完整性保障。长期以来，缺乏安全特性的协议设计使得报文劫持、流量嗅探等相关安全事件频发，严重影响互联网上层应用（例如 Web 服务、电子邮件服务、数字证书签发服务等）的寻址和稳定运行。为应对上述安全风险，互联网社区自 2005 年起提出多项域名解析安全增强技术，包含加密域名协议、域名签名协议和域名报文随机性增强方案，形成域名解析最佳安全实践。对各相关协议和方案，特别是起步较晚的新型协议（例如起步于 2016 年、部署规模未知的加密域名协议）的运行现状进行测量研究，发现其存在的现实缺陷和安全风险，对进一步促进协议的规范应用和遏制域名解析安全风险具有重要意义。

本章针对域名解析安全增强技术，首先提出并实现主被动方法结合的大规模测量系统DSMS（DNS security measurement system）。为进行大规模测量研究，DSMS通过全球范围内共 114 734 个客户端节点实现与域名服务器的协议交互，并借助大规模网络数据集分析协议的实际部署应用规模。随后，对加密域名协议、域名签名协议和域名报文随机性增强方案的配置缺陷和现实问题进行识别，并论述其面临的安全风险。最后，根据主要结论向协议设计者、服务提供者以及互联网用户等方面提出具体建议。

本章后续内容的组织结构如下：5.2 节介绍域名解析安全增强技术基础观察；5.3 节提出主被动方法结合的大规模测量系统DSMS并论述各模块功能；5.4 节论述系统的大规模实现和结果评估；5.5 节分析加密域名

协议的部署应用现状；5.6 节分析域名签名协议的部署应用现状；5.7 节分析域名报文随机性增强方案的部署应用现状；5.8 节进行讨论和提出建议；5.9 节为本章内容小结。

5.2　域名解析安全增强技术基础观察

本节介绍近年来已形成互联网建议标准（proposed standard）或最佳实践（best practice）的域名解析安全增强技术，主要包含两大类别：基于密码的域名安全协议和域名报文随机性增强方案。

5.2.1　基于密码的域名安全协议

普通域名协议设计由于缺乏安全特性，面临报文劫持、流量嗅探等一系列安全风险。近年来，两类基于密码的域名安全协议已正式被互联网工程任务组（Internet Engineering Task Force，IETF）标准化，包含加密域名协议和域名签名协议，为域名解析过程提供消息保密性和完整性保障。

1. 加密域名协议

加密域名协议为域名解析过程提供保密性和身份认证机制，其核心思想是在客户端和递归域名服务器间建立加密信道 EC 用于传输域名报文，以取代普通域名协议中基于 UDP 的明文传输模式。式（3.28）定义了加密域名协议的报文格式。加密域名协议不改变当前的域名解析结构，通常根据采用的加密信道种类进行命名和区分。在所有域名解析安全增强技术中，加密域名协议起步最晚，其第一个原型系统于 2015 年提出[101]；两项标准化加密域名协议分别于 2016 年和 2018 年形成，包含 DNS-over-TLS 协议和 DNS-over-HTTPS 协议。

（1）DNS-over-TLS（DoT）。DoT 协议由 RFC 7858 文档[23] 定义，采用标准传输层安全协议（TLS，由 RFC 8446 文档[194] 定义）建立加密信道 EC 并传输域名报文。因此，DoT 协议提供的保密性和身份认证机制直接来源于 TLS 协议：保密性依赖于端到端加密，身份认证机制依赖于 X.509 数字证书（由 RFC 5280 文档[195] 定义）。DoT 协议在传输层使用专有端口 TCP/853。由上述定义，DoT 协议查询和响应消息 $DoTQry, DoTRsp \in M$，满足：

$$\begin{cases} proto(DoTQry) = \text{``TLS''} \\ dstport(DoTQry) = 853 \wedge dns(DoTQry) \in DNSQry \\ proto(DoTRsp) = \text{``TLS''} \\ srcport(DoTRsp) = 853 \wedge dns(DoTRsp) \in DNSRsp \end{cases} \tag{5.1}$$

（2）DNS-over-HTTPS（DoH）。DoH 协议由 RFC 8484 文档[24] 定义，采用标准超文本传输安全协议（hyper text transfer protocol over TLS，HTTPS，由 RFC 2818 文档[196] 定义）建立加密信道 EC 并传输域名报文。由于 HTTPS 协议本身基于 TLS 协议，因此 DoH 协议提供的保密性和身份认证机制同样直接来源于 TLS 协议。与 DoT 协议不同，DoH 协议在应用层将域名报文嵌入超文本传输协议（hyper text transfer protocol，HTTP）报文的统一资源定位符参数（uniform resource identifier parameter，URI parameter，当使用 HTTP GET 方法时）或消息主体（body，当使用 HTTP POST 方法时）中并对其进行加密传输。图 5.1 展示了使用两种 HTTP 方法时分别形成的报文。由于 HTTP 协议的引入，DoH 协议明确客户端需使用统一资源标识符（uniform resource identifier，URI）模板（例如 https://dns.example.com/dns-query{?dns}）访问域名服务器，不支持直接通过 IP 地址和端口进行交互。因此，客户端在访问支持 DoH 协议的域名服务器前，需先行使用其他域名协议（例如普通域名协议或 DoT 协议）对 URI 模板中的域名服务器主机名（host，例如上述示例中的 dns.example.com）进行解析。DoH 协议在传输层与 HTTPS 协议共用 TCP/443 端口。记所有 HTTP 报文构成的全集为 $HTTPMsg$。由上述定义，DoH 协议查询和响应消息 $DoHQry, DoHRsp \in M$ 满足：

$$\begin{cases} proto(DoHQry) = \text{``TLS''} \\ dstport(DoHQry) = 443 \wedge dns(DoHQry) \in HTTPMsg \\ proto(DoHRsp) = \text{``TLS''} \\ srcport(DoHRsp) = 443 \wedge dns(DoHRsp) \in HTTPMsg \end{cases} \tag{5.2}$$

（a）
```
GET /dns-query?dns=AAABAAABAAAAAAAAB2V4YW1wbGUDY29tAAABAAE HTTP/1.1
Host: dns.example.com
Accept: application/dns-message
```
（b）
```
POST /dns-query HTTP/1.1
Host: dns.example.com
Accept: application/dns-message
Content-Type: application/dns-message
Content-Length: 29
00 00 01 00 00 01 00 00 00 00 00 00 07 65 78 61
6d 70 6c 65 03 63 6f 6d 00 00 01 00 01
```

图 5.1　嵌入域名查询的 HTTP 报文

（a）使用 HTTP GET 方法；（b）使用 HTTP POST 方法

（3）加密域名协议的连接管理。相较于普通域名协议，加密域名协议由于需要建立加密信道 EC，引入了 TCP 连接建立和 TLS 握手过程，存在额外的域名查询时间开销。为降低连接建立对协议性能开销的影响，加密域名协议标准要求通信双方在资源充足的情况下，应当复用已建立的连接和加密信道传输多个域名报文。

2. 域名签名协议

域名签名协议为域名解析过程提供完整性保障，其核心思想是：域名 d 的持有人使用私钥将区域 $zone(d)$ 中包含的资源记录集进行数字签名，由权威域名服务器将签名加入域名响应报文中，供递归域名服务器验证。式（3.29）定义了 DNSSEC 协议的报文格式。DNSSEC 协议的最早版本可追溯至 1997 年，现行标准于 2005 年由 RFC 4033[110]、RFC 4034[111] 和 RFC 4035[25] 文档共同定义。DNSSEC 协议同样不改变当前的域名解析结构，按照数字签名算法需求定义了签名（RRSIG）类型、公钥（DNSKEY）类型和密钥摘要（DS）类型资源记录。若签名验证未通过，即代表域名响应报文可能被篡改。根据协议标准要求，此时递归域名服务器应向客户端返回状态码为 SERVFAIL 的域名响应报文，表示本次域名解析失败。

3. 协议设计和功能差异对比

加密域名协议和域名签名协议均基于密码技术，为域名解析过程提供安全保障。从协议设计角度分析，二者针对不同的安全问题：加密域名协议侧重提供消息保密性，通过建立加密信道使得域名报文无法被网络中间设备嗅探，同时具备服务器身份认证能力；域名签名协议侧重保障消息完整性，主要针对报文劫持攻击，不改变域名报文基于 UDP 协议的明文传输模式。此外，二者工作的链路位置不同：加密域名协议工作于客户端和递归域名服务器之间，域名签名协议工作于递归域名服务器和权威域名服务器之间。加密域名协议和域名签名协议可以配合使用，即通过加密信道传输带有数字签名的域名报文，为域名解析过程提供双重保障。

5.2.2　域名报文随机性增强方案

在域名解析过程中，递归域名服务器使用若干字段值将其发出的查询报文与接收的响应报文进行一一对应，包含 IP 地址、端口、消息序号和被查询域名。若查询报文中的上述字段值可被预知，则旁路攻击者可通过伪造响应报文的方式发起域名劫持攻击。因此，域名报文随机性增强方案的核心思想是：在上述字段值中引入随机性使其不可被轻易预知，以增加响应报文的伪造难度。域名报文随机性增强方案完全不改动域名协议，在不具备条件部署基于密码的域名安全协议时，为域名解析过程提供轻量级完整性保障；相应地，其提供的保护能力也更为有限。

具体地，根据域名协议规范，递归域名服务器将响应报文 $DNSRsp$ 视为查询报文 $DNSQry$ 的合法响应，当且仅当以下表达式同时成立：

$$
\begin{cases}
\langle srcip(DNSRsp), dstip(DNSRsp)\rangle \\
\quad = \langle dstip(DNSQry), srcip(DNSQry)\rangle \\
\langle srcport(DNSRsp), dstport(DNSRsp)\rangle \\
\quad = \langle dstport(DNSQry), srcport(DNSQry)\rangle \\
txid(dns(DNSRsp)) = txid(dns(DNSQry)) \\
dn(dns(DNSRsp)) = dn(dns(DNSQry))
\end{cases}
\tag{5.3}
$$

因此，随机成分应由递归域名服务器在域名查询报文 $DNSQry$ 中的各字段值中引入。由于 IP 地址和域名协议服务端口（$dstport(DNSQry)$ 和 $srcport(DNSRsp)$，其值均应等于 53）无法引入随机成分，主要讨论以下域名报文随机性增强方案。

1. 随机源端口和域名消息序号

在域名查询报文中，源端口 $source\_port$ 和消息序号 id 均定义为 16 位无符号整数。RFC 5452 文档[26] 于 2009 年建议，递归域名服务器在发起域名查询报文时应同时使用随机的源端口和消息序号值。因此，旁路攻击者一次成功预测上述字段值的概率为：

$$P_s = \frac{1}{id\_range \cdot port\_range} \tag{5.4}$$

式中，$id\_range \in Uint_{16}$；由于操作系统中端口 0~1024（专有端口范围）通常不开放使用，故有 $port\_range \in \{x \in \mathbb{N} | 1025 \leqslant x \leqslant 2^{16} - 1\}$。

2. 域名 0x20 编码

域名 0x20 编码[27] 最早于 2008 年提出，在被查询域名 d 中引入随机成分。具体地，由于互联网域名不区分字母大小写（例如，域名 example.com 和域名 ExAmPlE.cOm 被视为等同），通过将 d 中的各字母进行大小写混淆可进一步增加响应伪造难度。各字母大小写形式的 ASCII 编码差值为十六进制 0x20，该方案因此而得名。对于包含字母个数为 c 的被查询域名 d，由于各字母存在大小写两种取值，旁路攻击者一次成功预测 d 的概率为：

$$P_q = \frac{1}{2^c} \tag{5.5}$$

3. 综合防御效果

若递归域名服务器同时部署上述随机性增强方案，则当旁路攻击者以频率 F 进行预测时，单位时间内成功伪造满足式（5.3）的域名响应报文，概率为：

$$P_{\text{attack}} = P_s \cdot P_q \cdot F \Longrightarrow P_{\text{attack}} < \frac{F}{2^{31}} \tag{5.6}$$

受网络带宽等因素影响，频率 F 的取值范围通常有限，因此部署域名报文随机性增强方案可以有效增加域名响应报文伪造难度。

5.3　域名解析安全增强技术测量研究方案

本节提出主被动方法结合的大规模测量系统DSMS，在概述系统整体结构的基础上，详细论述各组成模块的设计思路和主要功能。

5.3.1 系统概述

DSMS系统的整体目标为：测量各域名解析安全增强相关协议和方案的部署应用情况。首先提出具体测量目标，随后根据测量目标设计系统架构。

1. 测量目标

根据各相关协议和方案的运行原理和工作位置，提出以下具体测量目标：

（1）加密域名协议测量目标。针对加密域名协议（包含 DoT 协议和DoH 协议）的测量目标包含：①协议部署情况，即在集合 $Server_{rdns}$ 中识别支持加密域名协议的递归域名服务器；②协议性能开销，即全球客户端使用加密域名协议时的域名查询时间，重点考虑加密域名协议和普通域名协议的性能开销差异；③协议应用情况，即当前运营商网络中加密域名协议的流量规模。

（2）域名签名协议测量目标。针对域名签名协议的测量目标为协议部署情况，包含：①域名签名情况，即对于给定域名 d，判定其权威域名服务器 $auth\_server(d)$ 是否正确配置 DNSSEC 协议相关记录，例如公钥记录和签名记录；②签名验证情况，即集合 $Server_{rdns}$ 中的递归域名服务器是否对域名响应报文中的数字签名进行验证。

（3）域名报文随机性增强方案测量目标。针对域名报文随机性增强方案的测量目标为部署情况，即集合 $Server_{rdns}$ 中的递归域名服务器是否在其发起的域名查询报文中使用经随机化处理的源端口、消息序号和被查询域名。

2. 系统架构

根据上述测量目标,总结得出DSMS系统需具备的四项主要功能:①在全球互联网范围内征集用于测量实验的客户端；②识别网络空间中的域名服务器，包含递归域名服务器和权威域名服务器；③实现客户端和域名服务器间的域名协议交互，即发起域名查询报文和接收域名响应报文；④进行大规模网络数据分析。系统采用主被动方法结合的设计思路,其架构如图 5.2 所示,包含主动测量模块和被动测量模块。主动测量模块通过全球代理网络征集客户端，通过互联网扫描识别域名服务器，并构建大规模测量平台主动发起域名协议交互。被动测量模块通过处理 NetFlow、Passive DNS、URL 等大规模网络数据集，分析域名解析安全增强技术的应用规模。

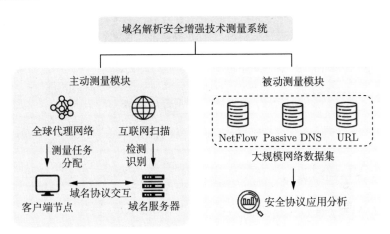

图 5.2　DSMS 系统架构

5.3.2　主动测量模块

主动测量模块实现的功能表示为：通过全球代理网络征集客户端；通过互联网扫描识别域名服务器；通过主动发起大规模域名协议交互，测量各域名解析安全增强技术的部署情况和性能开销。

1. 全球代理网络

全球代理网络主要用于征集客户端和发起域名协议交互。根据测量目标，客户端需支持向指定的域名服务器发起域名查询报文，且应广泛分布于全球的网络环境。然而，已有研究提出的一系列测量平台（例如HTTP 代理[89,115]、广告平台[197-198]、众包平台[95,199] 等）均无法同时满足上述条件。

DSMS系统基于新型全球代理网络（proxy network）构建大规模测量平台，其网络架构如图 5.3 所示。按以下步骤实现域名协议交互。首先，由统一的测量发起客户端生成用于实验的域名查询报文 *DNSQry*，并将其发送至代理网络的入口节点（super proxy）。入口节点随即通过SOCKS 5 协议将报文转发至若干出口节点（exit node），进而由出口节

点将 $DNSQry$ 发送至目标域名服务器。最后，域名响应报文 $DNSRsp$ 经转发沿原路径返回测量发起客户端。因此，将出口节点视为客户端，通过全球代理网络即可发起大规模客户端与域名服务器间的域名协议交互。

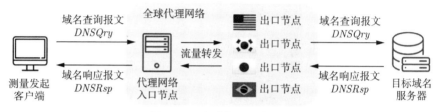

图 5.3　　全球代理网络结构

2. 互联网扫描

互联网扫描主要用于识别公开可访问的域名服务器，包含以下功能。

（1）识别支持普通域名协议的递归域名服务器（$RDNS_D$）。向目标服务器的 UDP/53 端口发送域名查询报文 $DNSQry$，若收到合法的域名响应报文 $DNSRsp$，则目标服务器为支持普通域名协议的递归域名服务器。通过上述方法可以对 IPv4 地址空间中的所有地址进行识别。

（2）识别支持 DoT 协议的递归域名服务器（$RDNS_T$）。向目标服务器的 TCP/853 端口发送域名查询报文 $DoTQry$，若收到合法的域名响应报文 $DoTRsp$，则目标服务器为支持 DoT 协议的递归域名服务器。通过上述方法可以对 IPv4 地址空间中的所有地址进行识别。支持 DoH 协议的递归域名服务器由于访问方式不同，无法通过互联网扫描发现，其识别由被动测量模块完成，见下文描述。

（3）识别权威域名服务器。通过以下方法识别域名 d 的权威服务器 $adns$，即实现函数 $auth\_server$ 的功能：发起域名查询报文 $DNSQry$，使其满足：

$$dn(dns(DNSQry)) = d \wedge tp(dns(DNSQry)) = \text{``NS''} \tag{5.7}$$

得到域名响应报文 $DNSRsp$，取 $ans(rrset(dns(DNSRsp)))$ 即为 d 的权威域名服务器名称集合。通过上述方法可以对 Tranco 域名流行度排名[200]列表中共计 4 759 590 个二级域名的权威服务器进行识别。

3. 域名协议交互

根据测量目标，在客户端和域名服务器间主动发起域名协议交互，完成以下测量任务。

（1）加密域名协议性能开销测量。测量全球客户端在复用连接时，使用加密域名协议的域名查询时间。具体地，从全球代理网络的各出口节点，向三个知名公共递归域名服务器（包含 Google Public DNS[83]、Cloudflare DNS[84] 和 Quad9[201]）和一个自建实验用递归域名服务器（作为对照）发送基于不同协议的域名查询报文（*DNSQry*、*DoTQry* 和 *DoHQry*）。在出口节点与域名服务器建立连接后，记域名查询报文的发出时间为 t_{send}，对应域名响应报文的到达时间为 t_{recv}。计算得到域名查询时间：

$$qtime = t_{\text{recv}} - t_{\text{send}} \tag{5.8}$$

出于实验道德考虑，注册实验用域名 d_{test}，由客户端发送的各域名查询报文 m 均满足 $dn(dns(m)) = d_{\text{test}}$。

（2）域名签名协议部署情况测量。测量知名域名的签名情况及各 RDNS_D 对签名的验证情况。使用如下方法判断给定域名 d 是否签名：通过代理网络向其权威域名服务器 $adns = auth\_server(d)$ 发起域名查询报文 *DNSSECQry*，使其满足：

$$dn(dns(DNSSECQry)) = d \wedge tp(dns(DNSSECQry)) = \text{"DNSKEY"} \tag{5.9}$$

若 $adns$ 返回的域名响应报文中包含有效的 DNSKEY 类型资源记录，则 d 已签名。为测量签名验证情况，首先在实验用域名区域 $zone(d_{\text{test}})$ 中配置包含错误数字签名 sig_{bogus} 的 RRSIG 类型资源记录；随后，对于网络扫描发现的各 RDNS_D，通过代理网络向其发起域名查询报文 *DNSSECQry*，使其满足：

$$dn(dns(DNSSECQry)) = d_{\text{test}} \wedge tp(dns(DNSSECQry)) = \text{"A"} \tag{5.10}$$

由于数字签名 sig_{bogus} 错误，客户端应从 RDNS_D 处接收到状态码为 SERVFAIL 的域名响应报文，否则说明该 RDNS_D 未按标准要求对数字签名进行验证。

（3）域名报文随机性增强方案部署情况测量。测量各 RDNS_D 是否部署域名报文随机性增强方案。由于需要观察递归域名服务器向权威域名服务器发起的域名查询报文，维护实验用域名 d_{test} 的权威域名服务器 $adns$。对于网络扫描发现的各 RDNS_D，通过代理网络连续向其发起 20 个域名查询报文 $(m_1, m_2, \cdots, m_{20})$，满足：

$$\forall i \in \{i \in \mathbb{N} | 1 \leqslant i \leqslant 20\},\ dn\left(dns\left(m_i\right)\right) = d_{\text{test}} \tag{5.11}$$

相应地，对于各 RDNS_D，$adns$ 将分别接收到 20 个由其发起的域名查询报文，其中的源端口和消息序号值分别构成序列：

$$\begin{cases} SrcPortSeq = (sp_1, sp_2, \cdots, sp_{20}) \\ TxidSeq = (id_1, id_2, \cdots, id_{20}) \end{cases} \tag{5.12}$$

将 sp 和 id 视为取值范围有限的随机变量，通过计算各序列的标准差 σ 和信息熵 H 判定对应字段的随机性。参考工业界实践[202]，若对于某序列有：

$$\begin{cases} \sigma > 296.0 \\ H \in [10.0, 16.0] \end{cases} \tag{5.13}$$

同时成立，则认为 RDNS_D 部署了序列对应字段的随机性增强方案。对是否部署域名 0x20 编码的判定方法则较为直接：由于普通域名报文中被查询域名 d 均使用小写字母，若 $adns$ 接收到来自某 RDNS_D 的查询报文中出现大小写混杂的 d，则认为 RDNS_D 部署了域名 0x20 编码方案。

5.3.3　被动测量模块

被动测量模块实现的功能表示为：通过大规模网络数据识别支持 DoH 协议的递归域名服务器，以及分析加密域名协议的实际应用情况。

1. 数据源

根据测量目标，DSMS 使用多个大规模网络数据集作为数据源，包含由国内某大型电信运营商提供的 NetFlow 数据集（记为 $Dataset_{\text{netflow}}$）、由 360 公司提供的 Passive DNS 数据集（记为 $Dataset_{\text{pdns}}$）和 URL 数据集（记为 $Dataset_{\text{url}}$）。

　　NetFlow 是一种由 Cisco 公司提出的网络流数据格式，能够记录经过交换机或路由器的 IP 报文数量和协议相关信息，被广泛用于运营商的网络监测、拥塞控制等业务[203]。去除部分无关字段后，将 $Dataset_{\text{netflow}}$ 中的各条记录定义如下：

$$
\begin{cases}
NetflowRec := \langle router, srcip, dstip, dpkts, \\
\quad\quad start, end, srcport, dstport, tcp\_flags, proto \rangle
\end{cases}
\tag{5.14}
$$

其含义解释为：路由器 $router$ 在时间戳 $start$ 至 end 内，观测到源地址为 $srcip$、源端口为 $srcport$、目的地址为 $dstip$、目的端口为 $dstport$ 的 IP 报文共 $dpkts$ 个。上述报文共同构成一个网络流（flow），使用的传输层协议均为 $proto$；将网络流中所有传输层标记（flag）字段值进行二进制或（OR）运算后得到 tcp_flags。$Dataset_{\text{netflow}}$ 中包含的网络流由国内某大型电信运营商的主干网路由器于 2017 年 7 月至 2019 年 1 月间收集，按照 1 : 3000 比例进行抽样形成。

　　Passive DNS 是一种域名解析日志，记录由所有参与数据收集的递归域名服务器查询得到的资源记录和数量，能够反映给定域名 d 的历史解析规模。$Dataset_{\text{pdns}}$ 的数据收集时间从 2014 年起，参与数据收集的递归域名服务器来自 360 DNS 派公共解析服务[204]，每日记录域名查询请求规模达 100 亿次。URL 数据集由大量网络爬虫日志、沙箱运行日志和威胁情报组成，包含上述系统截至 2020 年 7 月收集的数十亿个曾被访问的完整 URL。

2. 协议应用情况分析

　　根据测量目标，分析大规模网络数据集，完成以下测量任务。

　　（1）识别支持 DoH 协议的递归域名服务器（RDNS$_H$）。DoH 协议明确域名服务器只能通过 URI 模板而非 IP 地址访问，在服务域名未知时无法通过互联网扫描进行识别。DoH 协议标准建议在 URI 模板中使用固定的路径值（"/dns-query"），因此对于各 $url \in Dataset_{\text{url}}$，若 url 使用此路径则可能为支持 DoH 协议的递归域名服务器。进一步使用 DoH 协议交互进行确认：若 url 的路径值为 "/dns-query" 且向其发送域名查询报文 $DoHQry$ 后接收到有效的域名响应报文，则 url 指向的目标服务器为支持 DoH 协议的递归域名服务器。

（2）DoT 协议应用情况分析。使用 $Dataset_{netflow}$ 估计运营商网络中 DoT 协议流量规模。具体地，由于 DoT 协议使用专有端口 TCP/853，对于各 $nr \in Dataset_{netflow}$，若满足 $dstport = 853$ 且 $dstip$ 为通过互联网扫描识别的 $RDNS_T$，或满足 $srcport = 853$ 且 $srcip$ 为 $RDNS_T$，则判定 nr 为 DoT 协议流。

（3）DoH 协议应用情况分析。使用 $Dataset_{pdns}$ 分析 DoH 协议应用情况。由于在使用 DoH 协议前，需要先行对 URI 模板中的服务器主机名（host）进行解析，因此各 $RDNS_H$ 的主机名历史解析规模变化可反映 DoH 协议的应用情况。具体地，对于某 $RDNS_H$ 所使用 URI 模板中的服务器主机名 h，在 $Dataset_{pdns}$ 中搜索 h 的历史解析规模，并进行横向（不同时间）和纵向（不同 $RDNS_H$ 之间）的对比。

5.4　系统实现与评估

本节介绍DSMS系统的具体实现，并对系统性能进行评估。结果表明，DSMS能够用于完成大规模全球测量任务。

5.4.1　主动测量模块实现与评估

对主动测量模块的评估内容，主要包含全球代理网络和互联网扫描两个部分。由于域名协议交互基于上述功能实现，不再对其单独进行评估。

1. 代理网络节点规模

全球代理网络需同时满足的条件包含：①出口节点需支持向指定的域名服务器发送多种域名报文，包括普通域名协议和各类域名安全协议报文；②出口节点需广泛分布于全球的网络环境。经过对商业代理网络进行的广泛调研，确定系统使用的两个代理网络为 Proxyrack[205] 和 Zhima[206]。表 5.1 展示了两个代理网络各自的出口节点数量和分布。Proxyrack 代理网络在全球范围内具有较好的覆盖率，出口节点分布于 166 个国家（地区）的 2597 个自治系统。同时，为进一步测量各协议在国内网络环境中的运行情况，使用 Zhima 代理网络征集国内实验客户端共 85 112 个，分布于 5 个主流运营商的自治系统。

表 5.1　　全球代理网络客户端节点规模

代理网络平台	出口节点数量/个	国家数量/个	自治系统数量/个
Proxyrack[205]	29 622	166	2597
Zhima[206]	85 112	1（中国）	5

2. 互联网扫描实现

互联网扫描基于 ZMap 工具[207] 实现，对 IPv4 地址空间的所有地址进行遍历。在扫描过程中进行的域名协议交互基于 getdns API[208] 实现。出于实验道德考虑，互联网扫描任务由 3 台云服务器同时执行，各台服务器负责扫描 IPv4 空间的三分之一并对扫描过程进行严格限速。此外，对各台服务器地址设置反向域名解析（pointer record，PTR）类型资源记录指向包含作者联系方式的页面，若接收到关于某地址段的退出（opt-out）请求则在后续实验中不再对其进行扫描。经限速后，单次 IPv4 地址空间扫描和域名服务器识别需要 72h 完成。

5.4.2　被动测量模块实现与评估

被动测量模块采用 Python 语言并基于 MapReduce 架构实现。由于各网络数据集均存储于 Hadoop 集群文件系统，因此被动测量模块在同样的集群系统上运行。具体地，各功能的 Map 任务执行数据条件匹配，例如筛选满足路径条件的 URL 和端口为 853 的 DoT 协议流。满足条件的数据随即被分配给不同的 Reduce 任务并行进行剩余分析和输出。当集群的并行任务数量设置为 100 时，被动测量模块大约需要 1h 从 URL 数据集中完成路径筛选并输出候选域名服务器地址；需要 1h 从一周 NetFlow 数据集中匹配 DoT 网络流，因此处理整个 NetFlow 数据集（18 个月）大约需要 78h，成为被动分析模块中最主要的时间消耗；需要 0.5h 从 Passive DNS 数据集中统计给定域名的历史解析规模。

5.5　加密域名协议的部署应用分析

根据 DSMS 给出的测量结果，本节分析加密域名协议的部署应用情况。首先给出协议目前的部署规模，随后对其性能开销和应用情况进行分析。

5.5.1 协议部署规模

加密域名协议的部署规模，即支持加密域名协议的递归域名服务器（包含 $RDNS_T$ 和 $RDNS_H$）规模。对于各域名服务器，使用其 TLS 证书包含的通用名称（common name）字段推断其服务提供者。

1. 支持 DoT 协议的域名服务器规模

通过长期互联网扫描，得到 $RDNS_T$ 的数量变化如图 5.4 所示。结果显示，近年来 DoT 协议的部署规模增长迅速：2022 年 1 月全球 $RDNS_T$ 的数量为 17 298 个，较 2020 年 7 月（7857 个）增长达 120%，较 2019 年 7 月（2179 个）增长达 694%。在服务提供者方面，2022 年 1 月检出的 $RDNS_T$ 共由 2319 个组织或个人维护，较 2020 年 7 月（1259 个组织或个人）增长达 84%。$RDNS_T$ 的服务提供者分布具有明显的集中性，较多地由 Fortinet（占比 32.6%）、Apple（占比 18.2%）、NextDNS（占比 12.4%）、Cleanbrowsing（占比 6.2%）等大型互联网公司维护。

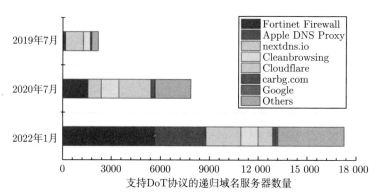

图 5.4 支持 DoT 协议的递归域名服务器数量变化（见文前彩图）

在地理位置分布方面，2022 年 1 月检出的 17 298 个 $RDNS_T$ 共分布于 136 个国家（地区），在美国、以色列、韩国等国家有较多分布。表 5.2 展示了 $RDNS_T$ 在部分国家的分布情况，位于以色列、韩国、瑞典等国家的 $RDNS_T$ 比例近年来存在显著增长。

表 5.2　支持 DoT 协议的递归域名服务器国家分布

时间	$RDNS_T$ 数量	$RDNS_T$ 分布较多的国家占比/%							
		美国	以色列	韩国	德国	法国	瑞典	马来西亚	中国
2019 年 7 月	2179	25.2	0.1	0.2	2.7	1.7	0.2	0.0	1.8
2020 年 7 月	7857	31.5	0.3	0.3	11.8	2.1	0.3	0.2	14.0
2022 年 1 月	17 298	16.1	12.1	10.5	5.5	3.2	3.0	2.3	1.9

2. 支持 DoH 协议的域名服务器规模

通过分析大规模 URL 数据集，得到 $RDNS_H$ 的数量。结果显示，DoH 协议的部署增长相对更慢且主要由大型服务提供商主导，表现在 $RDNS_H$ 的数量较 $RDNS_T$ 偏少：2020 年 7 月，全球 $RDNS_H$ 使用的 URI 模板数量共 50 个，由 37 个服务提供者维护，包括大型运营商（例如 AT&T 和 Comcast）和互联网公司（例如 Google 和 360）。DoH 协议本身起步较晚，于 2018 年 10 月完成标准化。此外，单个服务提供者维护的多个服务器可以使用相同的 URI 模板，可能是导致当前 $RDNS_H$ 数量偏少的原因。表 5.3 展示了部分 $RDNS_H$ 的服务提供者及其使用的 URI 模板信息。

表 5.3　部分支持 DoH 协议的递归域名服务器信息

类别	服务提供者	所在国家	$RDNS_H$ 使用的 URI 模板
运营商	AT&T	美国	https://dohtrial.att.net/dns-query
	Comcast		https://doh.xfinity.com/dns-query
互联网公司	Google	美国	https://dns.google/dns-query
	Cloudflare		https://cloudflare-dns.com/dns-query
	Quad9	瑞士	https://dns.quad9.net/dns-query
	阿里巴巴	中国	https://dns.alidns.com/dns-query
	腾讯		https://doh.pub/dns-query
	360		https://doh.360.cn/dns-query

3. 域名服务器的 TLS 证书管理

DoT 协议和 DoH 协议均基于标准 TLS 协议建立加密信道。在加密信道建立过程中，客户端依据域名服务器提供的 X.509 证书对其身份进行验证，用于抵御解析路径劫持和中间人攻击。为确保身份认证过程的安全性，TLS 证书应当由受信任的证书颁发机构（certificate authority，

CA）签发，并在有效期结束前及时重新签发。将超过有效期、证书签名不正确或由非可信 CA 签发（即自签名）的 TLS 证书称为无效证书（invalid certificate）。已有研究[209] 表明部署无效证书可能存在安全风险，包括允许攻击者进行互联网设备追踪。

通过互联网扫描对所有域名服务器的证书有效性进行验证。结果显示，支持 DoT 协议的递归域名服务器对于其 TLS 证书的管理普遍存在问题（见表 5.4）：自 2019 年 7 月以来，全球 $RDNS_T$ 部署无效证书的比例存在上升趋势；在 2022 年 1 月的扫描结果中，该比例甚至高达 57.7%。对无效证书种类的分析结果表明，自签名证书部署最为普遍，且多被支持 DoT 协议的防火墙（例如 Fortinet）、域名代理服务器（例如 Apple DNS Proxy）等设备使用。约 1/3 的过期证书已超过有效期一年以上，其对应的 $RDNS_T$ 可能已经不再进行定期维护。此外，签名错误证书的部署比例显著降低。由于部署无效证书将影响加密信道的建立和服务器身份认证，建议各服务提供者进行自查，及时对无效证书进行替换。

表 5.4　支持 DoT 协议的递归域名服务器部署无效证书情况

时间	$RDNS_T$ 数量/个	部署无效证书		各类无效证书占比		
		数量/个	占比/%	自签名/%	过期/%	签名错误/%
2019 年 7 月	2179	230	10.6	77.0	11.7	11.3
2020 年 7 月	7857	2261	28.8	69.4	16.2	14.4
2022 年 1 月	17 298	9974	57.7	91.2	8.0	0.8

5.5.2　协议性能开销

相较于普通域名协议，加密域名协议运行于不同的传输层协议和端口，且存在额外的域名查询时间开销。使用全球代理网络进行域名协议交互，测量并对比不同协议的性能开销。

1. 域名查询成功率

一系列研究[79,89-90,210] 表明，普通域名协议报文易遭到中间设备或旁路攻击者劫持，并可能导致域名查询失败；相对地，加密域名协议应能抵御上述攻击。将域名解析超时或收到状态码为 SERVFAIL 的域名响应报文均视为域名解析失败。

表 5.5 展示了使用代理网络客户端分别向各递归域名服务器发起不同协议域名查询的成功率。观察到使用加密域名协议的整体查询成功率较普通域名协议高：在某些使用普通域名协议查询成功率低于 85% 的情况下，切换为加密域名协议则成功率可达到 99.9%。其原因在于加密域名协议使用不同的传输层协议和端口，可能暂未被中间设备（例如防火墙）列入监控范围，或由于加密信道的存在增大了报文劫持的难度。

表 5.5　全球代理网络客户端节点的域名查询成功率

代理网络	域名协议	Cloudflare		Google		Quad9		自建	
		成功率/%	失败率/%	成功率/%	失败率/%	成功率/%	失败率/%	成功率/%	失败率/%
Proxyrack（全球）	DNS	83.5	16.5	84.1	15.9	99.8	0.2	99.9	0.1
	DoT	98.9	1.1	-	-	99.8	0.2	99.9	0.1
	DoH	99.9	0.1	99.9	0.1	86.0	14.0	99.9	0.1
Zhima（国内）	DNS	84.9	15.1	98.9	1.1	99.8	0.2	99.9	0.1
	DoT	84.9	15.1	-	-	99.5	0.5	99.8	0.2
	DoH	99.7	0.3	0.0	100	99.3	0.7	99.9	0.1

注：实验进行时 Google Public DNS 不支持 DoT 协议，故无其成功率数据。

在使用加密域名协议整体成功率较高的情况下，观察到两个特殊情况，说明加密域名协议的实际部署运行仍存在一定缺陷。一是位于国内的所有客户端均无法使用由 Google 提供的 DoH 服务，域名查询成功率为 0。事实上，Google 曾使用的 URI 模板中的主机名称 dns.google.com 无法于国内进行解析，造成其维护的 $RDNS_H$ 无法访问。此后 Google 更换了其 DoH 主机名称为 dns.google，目前国内用户已经可以使用。二是全球客户端在使用 Quad9 提供的 DoH 服务时，域名解析成功率仅为 86%，远低于其他协议。进一步分析表明，Quad9 在其 DoH 服务配置了一个较小的超时时间（2s），导致约 14% 的全球域名查询请求因超时而失败。经作者反馈，Quad9 方面已确认该问题。

2. 域名查询时间

按照式（5.8）的描述，测量并对比各代理网络客户端在复用连接时，使用加密域名协议和普通域名协议的域名查询时间。图 5.5 展示了各国出口节点使用 Cloudflare 递归域名服务器查询实验用域名 d_{test} 的时间分布。结果显示，相较于普通域名协议，使用加密域名协议且复用连接时未发生显著的性能下降：全球客户端平均仅增加了 5ms（使用 DoT 协议）和 8ms（使用 DoH 协议）的额外域名查询时间，处于可接受的范围内。各国客户端的域名查询时间存在小幅波动。例如，位于印度尼西亚的客户端使用加密域名协议时，域名查询时间平均增加了 25ms；在另外一些国家（例如印度），使用加密域名协议的平均查询时间甚至更短，可能是加密域名协议的功能特性（例如基于 TCP 协议引入拥塞控制）或各域名报文选择的网络路由不同导致的。

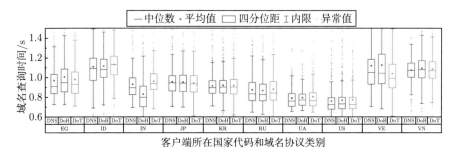

图 5.5　全球代理网络客户端节点的域名查询时间分布（见文前彩图）

作为对比，使用受控实验客户端再次测量不复用连接时（进行各次域名查询前均重新建立加密信道）使用加密域名协议的域名查询时间。结果显示，此时使用加密域名协议可能带来的额外查询时间超过 300ms。因此，使用加密域名协议时应按标准要求，尽可能复用已有的连接。

5.5.3　协议应用情况

通过大规模网络数据集，可以分析加密域名协议的应用情况，即加密域名协议在现实网络环境中的流量规模。在此基础上，可以总结出加密域名协议的应用特点和趋势。

1. DoT 协议流量规模

由于 DoT 协议在传输层运行于专有端口 TCP/853，使用国内某大型电信运营商提供的主干网 NetFlow 数据集（$Dataset_{\text{netflow}}$，数据收集时间为 2017 年 7 月至 2019 年 1 月），根据端口和域名服务器地址统计不同域名协议的流量规模。图 5.6 对比了在该运营商网络中观察到的、去往两个知名公共递归域名服务器（包含 Cloduflare 和 Quad9）的不同域名协议网络流规模变化趋势。结果表明，DoT 协议的流量规模仍然较小，相较于普通域名协议流量规模小 2 至 3 个数量级，表明其实际应用仍处在起步阶段。然而，DoT 协议流量规模在数据收集时段期间存在明显的增长趋势。例如，2018 年 12 月去往 Cloudflare 的 DoT 协议网络流规模相较于 2018 年 7 月增加了 56%，表明协议得到了进一步的推广应用。

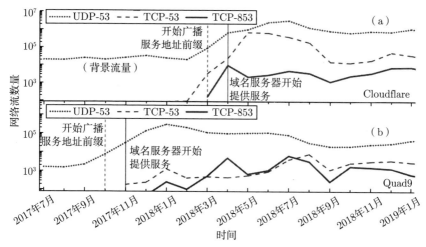

图 5.6　DoT 协议和普通域名协议的网络流量规模
（a）Cloudflare 公共域名服务；（b）Quad9 公共域名服务

在客户端方面，观察到 DoT 协议的网络流来源（协议用户）较为集中：按照 /24 地址前缀进行划分，占比 44% 的 DoT 协议网络流仅来自于 5 个网段（例如 222.90.69.0/24 和 58.213.108.0/24）。推测上述地址段可能与代理服务器或网络地址翻译（network address translation，NAT）设备有关，导致流量集中。此外，还观察到大量的 DoT 协议临时用户：占比 96% 的地址前缀在数据收集的 18 个月内，仅有短于一周的时间产生过 DoT 协议流量。

2. DoH 协议流量规模

与 DoT 协议不同，DoH 协议与 HTTPS 协议共用端口 TCP/443，无法直接通过端口进行流量规模统计。因此，通过计算各 URI 模板中的主机名称在 Passive DNS 数据中的历史查询量，可以估计 DoH 服务的应用情况。图 5.7 展示了历史查询量靠前的 DoH 服务。结果显示，Google 作为其中最早开始运行的 DoH 服务（于 2016 年开始运行），其历史查询量相较于其他服务器多出若干个数量级；Cloudflare DoH 服务的历史查询量也出现了明显的增长，主要与浏览器厂商 Mozilla 进行的 DoH 协议大规模测试和推广工作有关[211]。上述结果表明，近年来 DoH 协议的实际应用规模同样增长较快。

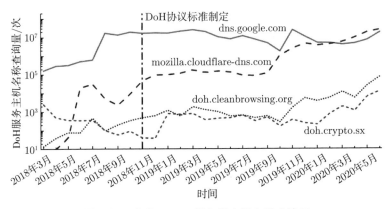

图 5.7　主流 DoH 服务的主机名称查询量

5.5.4　讨论与小结

两项加密域名协议标准分别于 2016 年和 2018 年形成。虽然二者起步较晚，但是其部署规模和应用情况近年来增长明显，得到了工业界特别是大型互联网公司的大力支持和推广。对协议性能开销的分析也说明，加密域名协议相较于普通域名协议具有更高的服务质量和有限的额外性能开销。然而，TLS 证书管理不当、域名服务器误配置等问题在协议的实际部署中较为突出，部分域名服务器可能已停止定期维护，需要及时进行关停或修正。加密域名协议目前得到大力推广的原因及相应建议如下：

一是协议设计方面。加密域名协议的设计本质上均基于其他已构成大规模应用的标准协议（DNS 协议、TLS 协议和 HTTP 协议），使其软件实现和服务配置的难度较低，也因此得到了更快的部署和应用增长。因此，通过复用已有成熟协议进行新协议设计，能够较好地推动新协议的部署应用。

二是服务提供者方面。测量结果表明 TLS 证书管理不当和域名服务器误配置等问题较为突出，可能影响加密域名协议的性能开销甚至安全功能。因此，建议各服务提供者强化定期维护机制，对其管辖的域名服务器加强检查，及时发现和修正误配置。此外，还需要定期对服务器软件进行升级，并及时弃用不安全的加密协议（例如 TLS 协议 1.0 和 1.1 版本）和加密算法（例如 MD5 和 RC4）。

三是普通用户方面。测量结果表明加密域名协议能够提供较好的服务质量以及安全特性，且引入的额外性能开销较小。因此，建议加强网络安全宣传教育，使普通用户理解并使用加密域名协议，推动协议的进一步应用。

5.6　域名签名协议的部署应用分析

根据DSMS给出的测量结果，本节分析域名签名协议的部署应用情况。首先给出了当前的域名签名规模，随后对递归域名服务器的签名验证情况进行了分析。

5.6.1　域名签名规模

通过主动向权威域名服务器发起 DNSSEC 域名协议交互，可以判断 Tranco 域名流行度排名列表中共计 4 759 590 个二级域名是否已被签名。结果显示，当前域名签名规模仍然较小：2022 年 1 月，共 162 292 个域名通过权威域名服务器配置 DNSKEY 类型资源记录（即域名已被签名），占比仅为 3.4%。

1. 顶级域分布

表 5.6 展示了部分顶级域下的二级域名签名率，其中 2017 年 1 月的实验数据来源于此前的测量研究[115]。相较于 2017 年，当前的域名签名率存在小幅增长，然而三大主要顶级域 .com、.net 和 .org 下的二级域名签名率仍然较低。此外，部分顶级域下的二级域名签名率较高，包含部分国家顶级域（例如 .cz 捷克、.nl 荷兰、.no 挪威、.sk 斯洛伐克等）和重点行业顶级域（例如 .bank 银行业），表明 DNSSEC 协议在这些顶级域得到了充分部署。

表 5.6　　部分顶级域下的二级域名签名率

时间	域名签名率/%	部分顶级域下的二级域名签名率/%							
		.com	.net	.org	.bank	.cz	.nl	.no	.sk
2017 年 1 月	1.0	0.7	1.0	1.1	—	—	—	—	—
2022 年 1 月	3.4	2.7	3.1	2.9	60.7	51.0	43.8	40.8	37.7

注：2017 年 1 月的数据来源于文献 [115]，其未提供 .bank 等顶级域的签名率。

2. 域名流行度分布

根据域名的流行度排名，按每 1000 个分组计算签名率。图 5.8 展示了域名签名率与流行度排名的关系。结果显示，流行域名的总体签名率更高：排名在 5000 前的域名签名率可达 5% 及以上，排名在 4 000 000 后的域名签名率仅为 2% 左右。

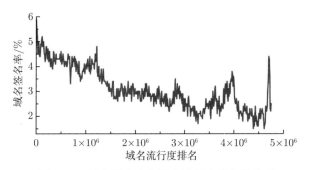

图 5.8　　域名签名率与域名流行度排名的关系

3. 数字签名正确性

对配置公钥的 162 292 个域名请求其 RRSIG 类型资源记录，并使用已获得的公钥对其中的数字签名进行验证。结果显示，大部分域名配置了正确的签名记录：156 501 个域名的数字签名能够通过验证，占比为 96.4%。然而，签名正确的域名比例相较于 2017 年（占比约为 98%）有小幅下降，因此建议域名持有人及时进行自查，避免域名因数字签名错误而无法解析。

5.6.2　签名验证情况

通过互联网扫描，在 IPv4 地址空间内识别 $RDNS_D$ 共 2 309 498 个，其中 880 891 个支持 DNSSEC 协议（占比 38.1%）。通过主动向各

$RDNS_D$ 发起 DNSSEC 域名协议交互，查询数字签名配置错误的实验用域名 d_{test}，可以判断其对域名数字签名的验证情况。

结果显示，仅有 62 168 个 $RDNS_D$ 能够准确识别出响应报文中的数字签名存在错误，并向客户端返回状态码为 SERVFAIL 的域名响应报文，占比为 7.1%。其余域名服务器未能对数字签名进行准确验证，向客户端返回了包含错误数字签名的域名响应报文。上述测量结果表明，当前递归域名服务器对于 DNSSEC 协议的有关配置仍然存在大量错误。

5.6.3　讨论与小结

DNSSEC 协议标准于 2005 年正式形成，距今已超过 15 年。然而测量结果表明，目前 DNSSEC 协议的部署规模仍然低于预期：域名签名率整体较低，递归域名服务器对签名的验证过程存在大量错误配置。分析 DNSSEC 协议部署规模较低的原因并提出相应建议如下：

一是由于 DNSSEC 协议本身具有较高的复杂性，域名持有人需要充分理解协议的工作原理并完成多个步骤（包含生成密钥对、生成数字签名、上传密钥摘要等），存在一定的部署操作门槛。为解决这一问题，建议推动开发并向域名注册人提供自动化的 DNSSEC 签名服务，以简化协议部署过程。事实上，部分域名注册机构（例如阿里云[212]）已经开始提供域名自动签名服务。但此类服务由于可能需要付费使用，给协议部署带来的激励较为有限。

二是由于域名持有人未能理解部署 DNSSEC 协议能够有效缓解多种安全威胁，致使其缺乏部署协议的动力。为解决这一问题，建议加强网络安全宣传教育并推动建立协议部署的激励机制。事实上，部分国家顶级域（例如前文分析的 .nl 荷兰）对进行签名的二级域名减免注册费用，以此激励 DNSSEC 协议的部署，其二级域名签名率也因此一直保持在较高水平。

三是部分递归域名服务器由于未进行定期的维护和管理，缺乏对域名安全协议的支持并存在错误配置。为解决这一问题，建议推动建立域名服务器健康状态监测机制，定期测量并反馈域名服务器存在的配置问题。

5.7　域名报文随机性增强方案的部署应用分析

根据DSMS给出的测量结果，本节分析了域名报文随机性增强方案的部署应用情况，包含随机源端口、域名消息序号和域名 0x20 编码方案。

5.7.1　方案部署规模

通过主动向各 $RDNS_D$ 发起域名协议交互，根据权威域名服务器接收到的域名查询报文判定各字段的随机性。测试范围同样为通过互联网扫描发现的 $RDNS_D$，共 2 309 498 个。

结果显示，随机源端口和域名消息序号已部署于几乎所有的递归域名服务器，支持对应方案的 $RDNS_D$ 占比分别高达 99.3% 和 99.9%；仅不足 1% 的递归域名服务器在其发起的域名查询报文中使用固定的源端口或消息序号，仍然容易受到缓存污染攻击威胁。支持域名 0x20 编码的递归域名服务器数量则相对较少，仅占所有 $RDNS_D$ 的 26.5%。

5.7.2　讨论与小结

在各域名报文随机性增强方案中，随机源端口和域名消息序号的部署率较高，几乎被所有的递归域名服务器采用。其原因大致如下：一是上述随机化方案已成为缓解缓存污染等域名劫持攻击的标准化实践（由 RFC 5452 文档[26] 明确）；二是主流域名服务器软件均已默认开启上述随机化方案，而绝大多数递归域名服务器均基于此类软件搭建（例如超过 60% 的递归域名服务器基于 BIND 软件搭建[91]），因此方案得到了有效部署。

域名 0x20 编码作为一种暂未形成标准文档的方案，也得到了一定规模的部署。然而，近年来一些学术研究和工业界实践[75,213] 发现其可能存在兼容性问题，导致多个主流递归域名服务器（例如 Cloudflare、OpenDNS 等）在默认情况下已将其关闭。因此，未来该方案能否成为标准并得到进一步的推广和部署，可能还需要进行进一步的观察和研究。

5.8　讨论与建议

上文通过提出并实现主被动方法结合的大规模测量系统,对加密域名协议、域名签名协议和域名报文随机性增强方案的部署应用情况进行分析。测量结果表明,加密域名协议虽然起步较晚,但得到了大力推广,近年来的部署应用增长明显;域名签名协议虽然起步较早,但目前的部署规模仍然低于预期;部分域名报文随机性增强方案得到了广泛应用。此外,各域名解析安全增强技术的实际部署仍然存在一系列缺陷,例如 TLS 证书管理、域名服务器误配置、数字签名验证错误等,需要引起重视并及时修正。

根据主要结论,向相关方面提出以下具体建议:

1. 协议设计者方面

各域名解析安全增强技术的部署应用情况与其本身的复杂性和实现难度存在密切关联。加密域名协议和域名报文随机性增强方案均基于其他已构成大规模应用的标准协议,技术实现难度较低,因此得到了广泛的部署和应用。DNSSEC 协议虽然起步更早,但是其部署应用规模受到了协议本身复杂性的制约,仍然低于预期。因此,通过复用已有的成熟协议进行新协议设计,降低新协议的复杂性,能够较好地推动新协议的部署应用。

2. 服务提供者方面

部分域名解析服务的提供者未能完全理解安全增强技术的工作原理,导致协议部署方面仍然存在大量实际缺陷。因此,建议各服务提供者强化定期维护机制,及时发现和修正相关问题。此外,对于本身复杂性较高的协议(例如 DNSSEC 协议),需要开发自动化协议部署和检查工具,并推动建立协议部署激励机制。具体建议已于 5.5.4 节和 5.6.3 节提出,此处不再赘述。

3. 互联网用户方面

互联网用户是域名解析安全增强技术的最终受益者。需要加强网络安全宣传教育,使普通互联网用户对相关协议和方案的工作原理和功能

建立更深入的理解。另外，工业界软件开发者可通过开展协议的大规模
测试实验（例如 Mozilla 针对 DoH 协议的大规模用户测试[211]），提升用
户使用新协议的体验，并逐步推动安全增强技术的默认启动。

5.9　本 章 小 结

在域名解析层面，针对域名协议设计中安全特性的缺失，引入了域名
解析安全增强技术，提供了域名报文的保密性和完整性保障。本章提出并
实现了主被动方法结合的大规模测量系统DSMS，首次揭示了加密域名协
议的全球部署应用现状，发现域名服务器和协议流量增长迅速，且协议服
务质量优于传统域名协议；同时，发现支持加密域名协议的域名服务器
普遍部署无效数字证书，且部分大型服务存在配置缺陷，导致域名解析
失败或削弱安全防护功能。此外，发现域名签名协议的部署率仍然较低。
几乎所有的递归域名服务器均在报文中使用随机源端口和消息序号，具
备一定的消息完整性保障。基于上述测量结果，本章向协议设计者、服务
提供者和互联网用户等方面提出具体建议。研究成果获颁国际互联网研
究任务组应用网络研究奖（IRTF ANRP），转化为国家通信行业标准一
项，有力促进了域名安全协议的进一步推广应用和相关协议标准的完善。

第 6 章　域名监管中的查封技术测量研究

6.1　本 章 引 论

域名作为重要的互联网基础资源，在被应用于合法业务的同时，也被日益频发的网络攻击事件所利用。已有一系列研究揭示真实存在的多类域名滥用行为，并提出相应的检测方法。长期以来，域名安全研究和监管实践停留在针对域名滥用行为的检测层面，缺乏通过对恶意域名的有效阻断来缓解相关安全威胁的技术。为应对上述安全风险，在域名监管层面引入域名查封（take-down，又称 seizure）技术，通过强制将恶意域名指向域名黑洞（sinkhole）的方式，撤销其与恶意互联网资源的映射关系。出于防止内部主机信息泄露等技术和管理原因，监管机构极少公开域名黑洞和被查封域名信息，导致域名查封行为呈现高度的不透明性，外界极难判断域名滥用安全风险是否已被缓解，可能导致域名重复查封、威胁情报污染等不良后果[29]。目前，仍不清楚域名空间中有多少域名被查封，也不清楚各监管机构的查封技术是否存在安全缺陷。

本章针对域名监管中的查封技术，提出并实现基于域名状态转移图的域名查封行为挖掘与关联系统DTMS（domain take-down measurement system）。为进行大规模测量研究，DTMS基于多年的历史域名解析数据和域名注册数据，对监管机构使用的域名黑洞和被查封域名进行检测。随后，对各监管机构的恶意域名认定规则和依赖的网络基础设施进行分析，并揭示监管机构对域名黑洞的管理维护存在严重的安全漏洞。最后，本章根据主要结论向政策和规范制定者以及域名监管机构等方面提出具体建议。

本章后续内容的组织结构如下：6.2 节介绍域名监管中的查封技术实

现和基础观察；6.3 节提出基于域名状态转移图的域名查封行为挖掘与关联系统DTMS并论述各模块功能；6.4 节论述系统的大规模实现和结果评估；6.5 节对关于域名查封行为的测量结果进行具体分析；6.6 节论述域名查封技术的安全问题；6.7 节进行讨论和提出建议；6.8 节为本章内容小结。

6.2　域名监管中的查封技术基础观察

本节首先介绍域名监管中的查封技术实现，随后观察得到可用于进行大规模测量的域名查封行为关联特征。

6.2.1　域名查封技术实现

域名查封指当处于已注册状态的域名违反使用守则（acceptable use policies，AUP）时，对域名所有权进行回收并中止其解析的过程。AUP 由各域名注册机构在其管辖的顶级域范围内分别制定[214]，一般规定当涉及发送垃圾邮件、运营僵尸网络、展示违法信息等滥用行为时，域名可能会被限制使用。根据 ICANN 关于域名查封技术的一般指导性文件[28]，域名查封请求由政府部门、安全公司等监管机构发起，并且通常需要经过司法程序明确域名涉及的恶意行为和拟采取的具体措施。例如，微软公司曾以相关域名被滥用于网络犯罪活动为由，通过向当地法院起诉并获取法庭命令的方式，对域名 3322.org（被用于 Nitol 僵尸网络控制）和 avsvmcloud.com（被用于 SolarWinds 供应链攻击）进行查封[11-12]。此外，各域名注册机构也可受理针对域名滥用和恶意行为的投诉。

多项法庭命令文件[215-217] 表明，域名黑洞（sinkhole）是目前应用最为广泛的域名查封技术方案。域名黑洞的核心原理是对恶意域名的解析权进行接管，并因此将访问该域名的所有流量（例如僵尸网络通信流量、钓鱼网站访问流量等）重定向至安全的主机地址（例如不可路由地址和由监管机构控制的地址）。具体地，监管机构在互联网域名空间中维护域名黑洞集合 S_{sinkhole}，将域名 d 的权威域名服务器（NS）类型资源记录值修改为 $sink\_ns \in S_{\text{sinkhole}}$，使得式（3.32）成立，即实现对域名 d 的查封。域名监管机构可通过 $sink\_ns$ 重新配置该域名的资源记录，实现访问阻断和流量重定向：例如，部分机构通过添加 d 的地址（A 和 AAAA）类型资源记录，将其指向展示告警页面的互联网主机。图 6.1 展示了域名被美国联邦调查局（Federal Bureau of Investigation，FBI）和 SIDN Labs（荷兰国家域名管理机构下属的研究部门）查封后展示的告警页面。

（a）　　　　　　　　　　　　　　　（b）

图 6.1　域名查封告警页面示例

（a）FBI 告警页面；（b）SIDN Labs 告警页面

6.2.2　域名查封行为特征

部分公开资料[173,218-219] 列举了一些知名监管机构维护的域名黑洞。然而，由于域名查封行为呈现不透明性，此类列表通常规模较小且并不完整，即仅反映集合 S_{sinkhole} 的一个小子集，无法用于大规模测量任务。从已知的域名黑洞出发，观察到可用于大规模挖掘域名查封行为的以下特征。

1. 域名黑洞关键字

观察发现，已知的域名黑洞名称中一般包含与域名查封行为（例如"sinkhole"）、域名被查封状态（例如"seized"、"blocked"和"suspended"）或知名域名监管机构（例如"microsoftinternetsafety"）直接相关的词。上述关键字由于具有特定语义，在一般域名中较少出现。相应地，若某权威域名服务器 $ns \in Server_{\text{adns}}$ 的名称中含有上述关键字，则 ns 为域名黑洞（即 $ns \in S_{\text{sinkhole}}$ 成立）的可能性较大。

2. 被查封域名属性

根据 ICANN 关于域名查封技术的一般指导性文件以及部分域名查封行为案例[11-12,215-217]，被查封的域名大多与僵尸网络、网络诈骗等恶意行为有关，因此很可能被各开源的域名黑名单（blacklist）和网络安全公司维护的威胁情报标记为恶意域名。相应地，对于权威域名服务器 $ns \in Server_{\mathrm{adns}}$，取域名集合：

$$DomainSet = \{d \in D | d = dn(rr),\ rr \in RR \wedge ans(rr) = ns \wedge tp(rr) = \text{"NS"}\}$$
(6.1)

若 $DomainSet$ 中被黑名单标记的域名比例较高，则 ns 为域名黑洞（$ns \in S_{\mathrm{sinkhole}}$ 成立）的可能性较大。

3. 域名查封行为的时序关联

由于针对域名的查封行为可能是临时的（例如监管机构认为域名不再具有安全威胁时，可能将其从域名黑洞中释放），观察到部分域名在同一个注册期内可能被多个域名黑洞重复查封。因此，不同的域名黑洞可通过被查封域名在不同时刻的状态转移关系进行关联。具体地，若域名 d 在时刻 t 被已知的某 $sink\_ns \in S_{\mathrm{sinkhole}}$ 查封，在此后某时刻 t'（满足 $t' > t$）时指定某 $ns \in Server_{\mathrm{adns}}$ 为权威域名服务器，且时刻 t 和 t' 处于 d 的同一注册期内（d 在时刻 t 和 t' 期间没有过期），则 ns 为域名黑洞（$ns \in S_{\mathrm{sinkhole}}$ 成立）的可能性较大。

6.3　域名监管中的查封技术测量研究方案

本节基于域名查封行为特征，提出了基于域名状态转移图的域名查封行为挖掘与关联系统DTMS，并在概述系统整体结构的基础上详细论述了各组成模块的设计思路和主要功能。

6.3.1　系统概述

DTMS系统的整体目标为：在互联网域名空间内检测域名黑洞，即识别集合 S_{sinkhole} 的成员，在此基础上发现被监管机构查封的域名。系统采用数据驱动的设计思路，其架构如图 6.2 所示，包含数据源、种子生

成模块和关联扩展模块。数据源包含大规模历史域名解析数据（Passive
DNS）和历史域名注册数据（WHOIS）。种子生成模块根据域名黑洞关
键字和被查封域名属性特征，通过关键字搜索和黑名单匹配，生成域名
黑洞种子集合。关联扩展模块根据输入的域名黑洞种子构建被查封域名
的状态转移图，经候选标记和过滤判定步骤输出域名黑洞集合。

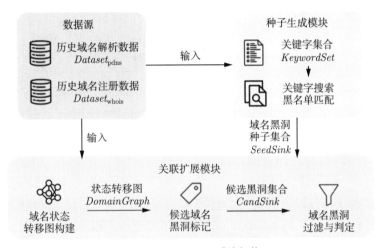

图 6.2　DTMS系统架构

6.3.2　数据源

由于互联网域名空间的分布式管理和开放特性，不存在包含所有资
源记录（集合 RR 包含的所有元素）的单一数据源。为覆盖尽可能多的资
源记录，DTMS使用由 360 公司维护的历史域名解析数据（Passive DNS，
记为 $Dataset_{pdns}$）和历史域名注册数据（WHOIS，记为 $Dataset_{whois}$）
作为数据源。Passive DNS 是一种域名解析日志，由参与数据收集的递
归域名服务器将其查询得到的资源记录聚集形成。DTMS使用的 Passive
DNS 数据主要由 360 DNS 派[204] 公共解析服务收集，其自 2014 年开始
运行以来每日处理的域名查询次数达到 100 亿，因此具有较好的域名空
间覆盖率。$Dataset_{pdns}$ 中的记录定义如下：

$$PDNSRecord := \langle fseen, lseen, rrname, rrtype, rdata, count \rangle \qquad (6.2)$$

其含义解释为：递归域名服务器在时间戳 $fseen$ 至 $lseen$ 期间，通过查
询得到资源记录 $\langle rrname, rrtype, "IN", \tau, rdata \rangle$ 共计 $count$ 次。类似

式（3.12），对于 $pr \in Dataset_{\text{pdns}}$，定义 $dn(pr) = rrname$、$tp(pr) = rrtype$ 和 $ans(pr) = rdata$。历史域名注册数据集 $Dataset_{\text{whois}}$ 及其中记录的定义已于 4.3 节给出，此处不再赘述。

6.3.3　种子生成模块

根据前文的特征观察，部分语义明确的关键字常出现在域名黑洞名称中。通过这一特征可以首先生成域名黑洞种子集合 $SeedSink$。基于对公开域名黑洞列表的分析，取以下关键字构成集合：

$$\begin{cases} KeywordSet = & \{\text{"sinkhole"}, \text{"seized"}, \text{"blocked"}, \text{"suspended"}, \\ & \text{"microsoftinternetsafety"}\} \end{cases} \tag{6.3}$$

种子生成模块的具体步骤如下：

1. 关键字搜索

根据域名查封技术的工作原理，域名黑洞一般充当被查封域名的权威域名服务器，即作为 $rdata$ 出现在 NS 类型的资源记录中；因此，首先在历史域名解析数据中搜索含有关键字的 $rdata$ 值作为域名黑洞种子。具体地，对于各 $pr \in Dataset_{\text{pdns}}$，若满足：

$$tp(pr) = \text{"NS"} \wedge (\exists kw \in KeywordSet,\ kw \in ans(pr)) \tag{6.4}$$

则将 $ans(pr)$ 加入域名黑洞种子集合 $SeedSink$。

2. 黑名单匹配

通过关键字搜索得到的种子仅有较大可能性为真正的域名黑洞。为保证域名黑洞种子的准确性，使用域名属性特征进一步过滤，即要求曾指定各种子为权威域名服务器的域名集合中，被黑名单标记的域名高于一定比例。具体地，对各 $ns \in SeedSink$，首先遍历数据源 $Dataset_{\text{pdns}}$，根据式（6.1）定义的规则构造对应的域名集合 $DomainSet$；若 $DomainSet$ 中被黑名单标记的比例 bl_ratio 低于阈值 θ_{bl}，则不认为 ns 为域名黑洞并将其移出 $SeedSink$。域名黑名单由 8 个开源项目和 2 个安全公司（即 360 和奇安信）维护的威胁情报构成，表 6.1 展示了 8 个公开黑名单名称及其标记的恶意域名数量。由于域名监管机构与域名黑名单维护机构对于恶意域名的认定标准存在差异[173]，取 $\theta_{\text{bl}} = 0.2$。

表 6.1　公开域名黑名单和标记域名数量

域名黑名单	标记域名数量/个	域名黑名单	标记域名数量/个
Blacklists UT1 [220]	4 588 309	CyberCrime Tracker [221]	27 162
Shalla's Blacklist [222]	1 571 535	VX Vault [223]	41 724
URLhaus [224]	1 984 304	Stopforumspam [225]	36 818
Compromised Domain List [226]	114 018	Dyn Malware Feeds [227]	913

注：标记域名数量以二级域名（second-level domain，SLD）计。

算法 6.1 具体描述了种子生成模块处理数据集 $Dataset_{\text{pdns}}$，输出域名黑洞种子集合 $SeedSink$ 的过程。

算法 6.1　域名黑洞种子生成算法 SINKHOLESEEDING

输入: $Dataset_{\text{pdns}}$

输出: $SeedSink$

1: **function** SINKHOLESEEDING($Dataset_{\text{pdns}}$)

2:　　**for** $pr \in Dataset_{\text{pdns}}$ **do**

3:　　　　**if** $tp(pr) == $ NS **and** $\exists kw \in KeywordSet,\ kw \in ans(pr)$ **then**

4:　　　　　　add $ans(pr)$ to $SeedSink$

5:　　　　**end if**

6:　　**end for**

7:　　$SeedSink \leftarrow$ DOMAINBLACKLISTFILTER($Dataset_{\text{pdns}}$, $SeedSink$)

8:　　**return** $SeedSink$

9: **end function**

10:

11: **function** DOMAINBLACKLISTFILTER($Dataset_{\text{pdns}}$, $SeedSink$)

12:　　**for** $ns \in SeedSink$ **do**

13:　　　　**for** $pr \in Dataset_{\text{pdns}}$ **do**

14:　　　　　　**if** $tp(pr) == $ NS **and** $ans(pr) == ns$ **then**

15:　　　　　　　　add $dn(pr)$ to $DomainSet$

16:　　　　　　**end if**

17:　　　　　DOMAINBLACKLISTMATCH($DomainSet$)

18:　　　　　$bl\_ratio \leftarrow$ ratio of blacklisted domains in $DomainSet$

19:　　　　　**if** $bl\_ratio < \theta_{\text{bl}}$ **then**

20:　　　　　　remove ns from $SeedSink$

21:　　　　　　　**end if**
22:　　　　　**end for**
23:　　　**end for**
24:　　　**return** *SeedSink*
25: **end function**

6.3.4　关联扩展模块

关联扩展模块基于域名黑洞种子集合，通过构建域名状态转移图对域名空间中的其他域名黑洞进行检测。模块的各功能详细描述如下：

1. 域名状态转移图构建

定义域名状态转移图为有向图：

$$DomainGraph := G(V, A) \tag{6.5}$$

其中，顶点集合 V 包含域名在生命周期中的状态，定义为域名注册状态（包含注册 CREATE、锁定 HOLD 和过期 EXPIRE）和域名解析状态（定义为域名当前指定的权威域名服务器）的并集。弧集合 A 包含一系列有向边，定义为域名状态随时间的转移关系。构建被域名黑洞种子查封域名的状态转移图，并根据前文论述的关联扩展特征检测其他域名黑洞。

首先对被域名黑洞种子查封的各域名 $d \in DomainSet$ 构建单个域名状态转移图 G_d，按照以下步骤进行。从数据源中搜索所有和域名 d 相关的记录，分别按如下规则构成集合：

$$\begin{cases} PRSet = \{pr \in Dataset_{\text{pdns}} | dn(pr) = d\} \\ WRSet = \{wr \in Dataset_{\text{whois}} | parse\,(wr, \langle\text{"domain"}, \text{"name"}\rangle) = d\} \end{cases}$$
$$\tag{6.6}$$

将上述集合中的所有记录按照时间戳 *fseen*（对于 Passive DNS 记录）或 *update_time*（对于 WHOIS 记录）进行排序，并将各权威域名服务器名称 *ans(pr)* 和域名注册状态 $parse(wr, \langle\text{"domain"}, \text{"status"}\rangle)$ 添加至顶点集合 V。依次在时间戳顺序相邻的两个顶点间添加弧 (u, v)，由时间戳小的顶点 u 指向时间戳大的顶点 v。特别地，由于 d 可能存在多个注册期，其状态转移图中可能存在多个注册或过期顶点，此时按照注册期时间顺序进行编号区分。

作为案例，图 6.3 展示了域名 xobjzmhopjbboqkmc.com 的相关记录和状态转移图。该域名于 2015 年 10 月 14 日第一次被注册，随后指定 ns[1,2].regway.com 为权威域名服务器。2016 年 4 月 19 日起，该域名被 Spamhaus 组织查封，其权威服务器指向域名黑洞 ns[1-4].sinkhole.ch，直到 2016 年 10 月 14 日域名因过期被释放。该域名于 2017 年 8 月 2 日再次被注册，并接连指定了两组权威域名服务器。通过构建域名状态转移图可清晰反映上述过程。

(a)

记录类型	时间戳	记录信息
WhoisRecord	update_time=2015-10-14 16:00:51	created_date=2015-10-14 16:00:51 expiration_date=2016-10-14 16:00:51
PDNSRecord	first_seen=2015-10-15 16:07:40	rdata=ns[1,2].regway.com
PDNSRecord	first_seen=2016-04-19 11:25:46	rdata=ns[1-4].sinkhole.ch
WhoisRecord	update_time=2017-08-02 21:24:01	created_date=2017-08-02 21:24:01 expiration_date=2018-08-02 21:24:01
PDNSRecord	first_seen=2017-09-09 10:01:23	rdata=dns[1,2].registrar-servers.com
PDNSRecord	first_seen=2018-02-26 12:21:39	rdata=ns-229.awsdns-28.com

(b)

图 6.3　域名 xobjzmhopjbboqkmc.com 的状态转移图构建

(a) 域名的 Passive DNS 和 WHOIS 记录；(b) 域名的状态转移图

将所有 G_d 进行合并，即构成全局域名状态转移图 *DomainGraph*。通过构建全局图，可观察所有被域名黑洞种子查封域名的整体状态转移情况，并对域名黑洞集合进行关联扩展。

2. 候选域名黑洞标记

根据域名黑洞的关联扩展特征，时间顺序出现在域名黑洞种子之后且处于同一注册期内的顶点为域名黑洞的可能性较大，因此遍历全局图并标记出候选的顶点。具体地，对于各 $sink\_ns \in SeedSink$，遍历 *DomainGraph* 中以 $sink\_ns$ 为起点且以距离 $sink\_ns$ 最近的 EXPIRE（域名过期）顶点为终点的所有通路 Γ，当顶点 $v \in \Gamma$ 且 $v \notin SeedSink$ 时，将 v 标记为候选域名黑洞。将输出的候选域名黑洞集合记为 *CandSink*。

3. 域名黑洞过滤与判定

对于候选域名黑洞，再次使用黑名单匹配的方法对其进行过滤：对各 $ns \in CandSink$，按照式（6.1）定义的规则，从 $Dataset_{pdns}$ 中找出曾指定 ns 作为权威域名服务器的所有域名。当被黑名单标记的域名比例小于 θ_{bl} 时，将 ns 从 $CandSink$ 中移除。最后，取：

$$DetectedSink = SeedSink \cup CandSink \tag{6.7}$$

即构成DTMS系统输出的域名黑洞集合。

算法 6.2 具体描述了关联扩展模块基于域名黑洞种子集合 $SeedSink$ 构建域名状态转移图，输出域名黑洞集合 $DetectedSink$ 的过程。

算法 6.2　域名黑洞关联扩展算法 SINKHOLECORRELATION

输入: $SeedSink, DomainSet$
输出: $DetectedSink$

1: **function** SINKHOLECORRELATION($Dataset_{pdns}$)
2:　　**for** $d \in DomainSet$ **do**
3:　　　　$G_d \leftarrow$ BUILDDOMAINGRAPH(d)
4:　　**end for**
5:　　$DomainGraph \leftarrow$ merge all G_d
6:　　LABELCANDIDATESINKHOLE($DomainGraph, SeedSink$)
7:　　DOMAINBLACKLISTFILTER($CandSink$)
8:　　$DetectedSink \leftarrow SeedSink \cup CandSink$
9:　　**return** $DetectedSink$
10: **end function**
11:
12: **function** LABELCANDIDATESINKHOLE($DomainGraph, SeedSink$)
13:　　**for** $sink\_ns \in SeedSink$ **do**
14:　　　　**for** each Γ that starts from $sink\_ns$ and ends at the nearest EXPIRE **do**
15:　　　　　　**for** $v \in \Gamma$ **do**
16:　　　　　　　　**if** $v \notin SeedSink$ **then**
17:　　　　　　　　　　add v to $CandSink$
18:　　　　　　　　**end if**
19:　　　　　　**end for**
20:　　　　**end for**

21:　　**end for**
22: **end function**

6.4　系统实现与评估

本节介绍 DTMS 系统的具体实现，并对系统检出的域名黑洞进行验证。结果表明，DTMS 共检出域名空间中 179 个确认被用于查封行为的域名黑洞，关联扩展模块在域名黑洞种子集合基础上的扩展规模达到 45.5%；系统检出域名黑洞的数量多于公开列表一倍以上，能够用于完成大规模测量任务。

6.4.1　系统实现

DTMS采用 Python 语言并基于 MapReduce 架构实现，其中关于域名状态转移图的操作使用 NetworkX 程序库[228] 提供的相关方法。系统与数据源的交互操作（例如关键字查询匹配）在 Hadoop 集群系统上运行。具体地，Map 任务执行目的域名筛选任务，Reduce 任务执行目的域名数据查询任务；当集群的并行任务数量设置为 10 时，单次全量数据查询所需时间约为 2h。系统忽略规模过小的域名黑洞，过滤规则为查封域名数量小于 10。由于安全公司的威胁情报存在查询速率限制（每秒仅限查询 10 个域名），各模块的域名黑名单匹配过程均需要约 72h，成为系统运行过程中最主要的时间消耗。

6.4.2　结果验证

由于缺少基准事实（即不存在公开完整的 $S_{sinkhole}$ 成员列表），只能人工对DTMS检出的各域名黑洞进行验证。根据经验性分析，对于各 $ns \in DetectedSink$，若满足以下条件之一则可确认 ns 为域名黑洞（即 $ns \in S_{sinkhole}$ 成立）：①ns 出现在公开的域名黑洞列表中；②ns 的域名注册信息 $whois(ns)$ 显示其属于已知维护域名黑洞的监管机构，例如知名网络安全公司；③曾指定 ns 作为权威域名服务器的域名被指向回环地址或不可路由地址，例如 127.0.0.1 或 0.0.0.0；④通过搜索引擎，使用 ns 为关键字查找到其作为域名黑洞的相关信息。

为保证结果准确性，域名黑洞验证过程由三位经验丰富的网络安全研究人员同时执行，且仅当某 $ns \in DetectedSink$ 被三位研究人员同时确认为域名黑洞时认定 $ns \in S_{\text{sinkhole}}$ 成立。结果表明，DTMS的种子生成模块输出的集合 $SeedSink$ 共包含 123 个域名，均经人工验证确认为域名黑洞（表达式 $SeedSink \subseteq S_{\text{sinkhole}}$ 成立）。关联扩展模块输出的集合 $CandSink$ 中共确认 56 个新的域名黑洞，因此集合 $DetectedSink$ 共包含 179 个域名黑洞，在 $SeedSink$ 的基础上扩展了 45.5%，说明DTMS能够实现域名黑洞的高效挖掘。相较于已知的公开域名黑洞列表（例如仅包含 38 个域名黑洞的 Consolidated Malware Sinkhole List[218]），通过DTMS检出的域名黑洞数量多出一倍以上，能够满足大规模测量任务的需求。

6.5　测量结果分析

本节分析由DTMS系统输出的测量结果。首先给出了域名黑洞和被查封域名的整体规模，随后对监管机构的域名查封行为进行了具体分析。

6.5.1　整体规模

DTMS系统共检出域名黑洞 179 个，其中 123 个由种子生成模块检出，占比 68.7%，56 个由关联扩展模块检出，占比 31.3%。表 6.2 展示了部分检出的域名黑洞、相应域名监管机构的基本信息、被其查封域名的数量和被黑名单标记的域名比例。

表 6.2　部分监管机构和域名黑洞的基本信息

域名监管机构	机构类别	域名黑洞	被查封域名数量/个	标黑域名比例	
				总计/%	DGA/%
Conficker Working Group	国际组织	ns.conficker-sinkhole.[com,net,org]	64 404	99.8	98.0
CNNIC	政府机构	ns.conficker-sinkhole.cn	40 717	98.4	96.5
FBI	政府机构	ns[1,2].kratosdns.net	30 766	100	100
Microsoft	安全公司	ns[001,002].microsoftinternetsafety.net	13 045	99.3	17.3
		ns058[a,b].microsoftinternetsafety.net	7003	99.8	30.1
		ns[3,4].microsoftinternetsafety.net	3263	99.2	25.6
		ns[1,2].microsoftinternetsafety.net	2916	99.4	0.8

续表

域名监管机构	机构类别	域名黑洞	被查封域名数量/个	标黑域名比例	
				总计/%	DGA/%
Microsoft		ns107[a,b].microsoftinternetsafety.net	2257	99.7	0
AnubisNetworks	安全公司	ns1.csof.net	10 926	43.9	24.4
		ns4.csof.net	10 710	43.2	24.2
		ns2.csof.net	9353	36.1	18.4
		ns[5,6,7].csof.net	6546	35.9	20.8
The Shadowserver Foundation	国际组织	sc-[a,b,c,d].sinkhole.shadowserver.org	8105	99.4	77.5
		sinkhole-[00,01].shadowserver.org	254	97.6	18.2
Security Scorecard	安全公司	ns[1,2].honeybot.us	6102	95.3	73.6
		ns[1,2].sugarbucket.us	372	98.9	96.5
Spamhaus	国际组织	ns[1,2].sinkhole.ch	2053	97.1	62.9
		ns[3,4].sinkhole.ch	1788	96.8	63.3
Fraunhofer-Gesellschaft	科研机构	ns[3,4].sinkhole.caad.fkie.fraunhofer.de	1592	99.3	70.1
		ns5.sinkhole.caad.fkie.fraunhofer.de	869	99.8	50.5
Netscout（Arbor Networks）	安全公司	ns1.arbors1nkh0le.com	902	90.7	10.0
		ns[1,2].asertdns.com	701	90.7	11.3
		ns[1,2].arbor-sinkhole.net	115	97.4	2.6
S.M.E Instituto Nacional de Ciberseguridad de Espana M.P., S.A.	科研机构	dns[1,2].serv574985.servidoresdns.net	637	76.1	68.9
Cert Polska	政府机构	sinkhole.cert.pl	130	94.6	0.7
		sinkhole112.cert.pl	54	90.7	1.8
Kryptos Logic	安全公司	ns[1,2].kryptoslogicsinkhole.com	92	98.9	54.3
		ns[1,2].kryptoslogicsinkhole.net	81	82.7	70.3

注：各机构按照被查封域名数量最多的单个域名黑洞进行排序。

1. 被查封域名规模

各域名黑洞对应的 *DomainSet* 即为被其查封的域名集合。统计结果显示，域名空间内被监管机构查封的域名规模较大：DTMS共发现 206 199 个二级域名（例如 xobjzmhopjbboqkmc.com）指向检出的 179 个域名黑洞，说明域名查封技术已经成为一种常见的监管实践。

2. 域名监管机构规模

使用各域名黑洞的注册信息，识别其对应的域名监管机构。结果显示，各域名黑洞由一系列不同类型的监管机构维护；网络安全公司维护了接近一半的域名黑洞，成为最主要参与域名查封行为的监管机构。具体地，179 个域名黑洞的主要维护者类型包括：网络安全公司（例如 Microsoft，共维护 81 个域名黑洞，占比 45.2%）、域名注册机构（例如 Endurance，共维护 28 个域名黑洞，占比 15.6%）、国际组织（例如 Conficker Working Group，共维护 24 个域名黑洞，占比 13.4%）、政府部门（例如 FBI，共维护 6 个域名黑洞，占比 3.3%）和科研机构（例如 Fraunhofer-Gesellschaft，共维护 6 个域名黑洞，占比 3.3%）。

6.5.2　被查封域名

对于被查封域名的分析主要包含其类别以及状态两方面。通过被查封域名可进一步观察各域名监管机构采取的具体策略与行为，例如对恶意域名的判定规则和释放条件等。

1. 被查封域名类别

多项公开资料[11-12]显示，域名黑洞常用于查封与网络攻击行为相关的域名，例如用于僵尸网络调度的算法生成（domain generation algorithm，DGA）域名。因此，对于被查封域名类别的分析，主要按照 DGA 域名和其他域名两方面展开。

（1）算法生成域名。DTMS系统在种子生成模块和关联扩展模块中使用的域名黑名单，包含由 360 公司和奇安信公司维护的威胁情报。两家网络安全公司通过逆向分析恶意软件样本得到超过 50 类家族的 DGA 算法，并将所有通过算法生成的域名均添加至威胁情报。因此，通过域名黑名单匹配步骤即可得知被各域名黑洞查封的域名中 DGA 域名所占比例，部分结果已于表 6.2 中列出。

分析结果显示，通过算法生成的 DGA 域名为当前域名监管机构的重点打击对象：在被查封的 206 199 个域名中，多达 166 125 个被标记为 DGA 域名，占比 80.6%。此外，不同监管机构采用的域名查封技术存在较大差别，部分域名黑洞（例如 ns[1,2].kratosdns.net）查封的 DGA 域名比例甚至高达 90%以上，表明其近乎专门用于对 DGA 域名的查封业务；而对应地，也存在几乎完全不查封 DGA 域名的域名黑洞（例如 sinkhole112.cert.pl）。同一机构维护的不同域名黑洞也可能存在不同用途：例如由 Microsoft 维护的各域名黑洞，其查封的 DGA 域名比例在 0（ns107[a,b].microsoftinternetsafety.net）至 86.7%（ns[11,12].microsoftinternetsafety.net）间大范围波动。

（2）其他类别域名。对于被查封的非 DGA 域名，可以使用 Clean-Browsing 公司维护的 Website Categorify 域名分类系统[229] 对其进行识别。该系统根据域名对应页面内容、域名语义和词频等分析结果，将域名标记为 74 个类别，例如音乐、营销、博客等。表 6.3 展示了部分被查封域名的类别检测结果，再次说明不同域名监管机构对于恶意域名的认定标准存在较大差异。

表 6.3　　部分域名黑洞查封的域名类别

域名黑洞	被查封域名数量/个	被查封域名类别及占比/%								
		DGA	成人	云	工程	安全	新闻	购物	软件	下载
ns[001,002].microsoftinternetsafety.net	13 051	17.3	0.2	0	0	0	0	0	0	0
ns1.csof.net	10 926	24.4	0.6	3.5	0	0.2	0.1	0	0.3	0
sc-[a,b,c,d].sinkhole.shadowserver.org	8105	77.5	0.3	0	0	0	0	0	0	0
ns[1,2].honeybot.us	6102	73.6	0.2	1.9	0	0	0	0	0.1	0.1
ns[1,2].sinkhole.ch	2053	62.9	0.2	0.3	0	0	0	0	0	0
ns1.arbors1nkh0le.com	902	10.0	0.7	1.1	0.1	0.2	0	0.1	0.3	0
sinkhole.paloaltonetworks.com	283	0.7	0.4	5.3	2.1	1.1	2.5	3.1	1.1	0
sinkhole.biosnews.info	151	0.7	0	15.2	0	0	0	0.7	0.7	0
ns[1-2].research-sinkhole.net	22	31.8	4.5	0	0	0	0	0	4.5	9.1

注：由于域名分类系统存在局限性，无法给出所有被查封域名类别，占比总和未达 100%。

2. 被查封域名状态

被查封域名的状态能够反映监管机构的具体策略与行为，例如是否将域名永久查封或是否将被查封域名主动释放。通过 DTMS 构建被查封域名的全局状态转移图 *DomainGraph*，即可分析被查封域名的整体状态转移情况。

图 6.4 展示了经简化后的被查封域名全局状态转移图（将 *Domain-Graph* 中相邻多个属性相同的顶点进行合并展示），各弧上的数字表示存在该状态转移关系的被查封域名占比。首先，观察到占比高达 98.59% 的被查封域名在创建后、未被正常解析和实际使用前即指向域名黑洞，说明大多数监管机构对恶意域名的响应和处置是及时的。事实上，根据前文

已得到的结论，由于被查封的域名大多是 DGA 域名，监管机构在逆向分析并掌握生成算法的情况下，可以预知未来将被启用的恶意域名。例如，360 公司下属网络安全研究院[154] 每天发布更新若干个恶意软件家族当天可能使用的所有 DGA 域名。因此，监管机构在可以预知恶意域名的情况下，能够使用域名黑洞对其进行及时地查封。

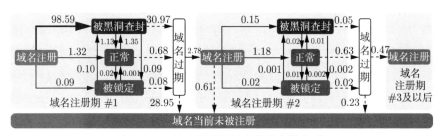

图 6.4　被查封域名的全局状态转移图

注：各弧上数字表示存在该状态转移关系的被查封域名占比

从全局状态转移图中观察到，针对域名的查封行为并不是永久性的：占比高达 31% 的被查封域名单纯因过期而自动被监管机构释放；占比 29% 的被查封域名当前仍然未被注册，可被原持有人重新接管。这一现象可能由其经济成本引起：被查封域名到期后同样需要进行续费；部分监管机构与域名注册机构没有长期的合作关系，无法得到域名注册费用减免，因此选择将过期域名释放。与之相反，域名一旦被查封，在未过期前仅非常少量（占比 1.13%）能够被域名黑洞主动释放，说明监管机构对于域名恶意行为的认定多以一个注册期为跨度。

此外，在域名查封行为中，由注册机构提供的域名锁定（hold）机制目前应用尚不普遍，被锁定的恶意域名占比仅为 0.1%。当域名被锁定后，任何个人或组织将无法对其进行接管，因此锁定机制是处置恶意域名的有效手段。然而，域名锁定操作由注册机构完成，监管机构需要发起较为复杂的申请锁定流程；另外，当域名被锁定后，监管机构将无法对其访问流量进行观测，因此该方案目前并不常用。

6.5.3　监管机构依赖的基础设施

出于告警或访问流量监控等目的，监管机构在使用域名黑洞查封恶意域名的同时，通常会修改其地址记录（A 和 AAAA）指向安全的 IP 地址。通过对上述 IP 地址的分析，可观察各域名监管机构依赖的网络基础设施。

使用以下方法从 $Dataset_{\text{pdns}}$ 中搜索各域名黑洞依赖的 IP 地址。若对于被某 $sink\_ns \in DetectedSink$ 查封的某域名 d，存在两条不同的 Passive DNS 记录 $pr_{\text{ns}}, pr_{\text{a}} \in Dataset_{\text{pdns}}$，满足：

$$\begin{cases} dn\,(pr_{\text{ns}}) = d \wedge tp\,(pr_{\text{ns}}) = \text{``NS''} \wedge ans\,(pr_{\text{ns}}) = sink\_ns \\ dn\,(pr_{\text{a}}) = d \wedge tp\,(pr_{\text{a}}) \in \{\text{``A''}, \text{``AAAA''}\} \end{cases} \tag{6.8}$$

同时，若两条记录由 $fseen$ 和 $lseen$ 表示的时间范围存在重叠，则认为 IP 地址 $ans\,(pr_{\text{a}})$ 为域名黑洞 $sink\_ns$ 及其对应的监管机构依赖的网络主机。

对监管机构依赖的各 IP 地址，使用地址数据库进行归属地查询，结果显示其主要包含四类：监管机构专有地址、云主机地址、运营商网络地址和非公网地址。表 6.4 列举了部分域名监管机构及其依赖的 IP 地址案例及分类。特别地，高达 58 个域名黑洞依赖的 IP 地址中包括云主机地址（例如 Amazon、Linode 等云主机服务），占检出域名黑洞的 32.4%。对于此类监管机构，已有研究[93] 显示云主机地址在到期后可能被回收，进而产生安全风险，因此需要强化定期维护和检查机制，防止云主机地址被网络攻击者接管。此外，一些域名黑洞（例如 Conficker Working Group 和 The Shadowserver Foundation 维护的域名黑洞）会将被查封域名同时解析至属于多个监管机构的 IP 地址（例如多个网络安全公司），以共享被查封域名的访问流量。由于非公网地址（例如回环地址 127.0.0.1）不支持监管机构对恶意域名的访问流量进行监控和分析，该方案仅被 6 个域名黑洞采用（例如 sinkhole[1-4].vsbad.com），占检出域名黑洞的 3.3%。

表 6.4　部分域名监管机构依赖的网络基础设施

域名监管机构	依赖 IP 地址	
	类别	IP 地址案例及归属地
Microsoft	机构专有	199.2.137.0/24，AS3598 Microsoft Corporation
	机构专有	207.46.90.178，AS8075 Microsoft Corporation
Conficker Working Group	机构专有	104.244.14.252，AS393667 Farsight Security, Inc
	ISP	38.102.150.27，AS174 Cogent Communications
The Shadowserver Foundation	机构专有	216.218.185.162，AS6939 Hurricane Electric LLC
	云主机	5.79.71.205，AS60781 LeaseWeb Netherlands B.V.

续表

域名监管机构	依赖 IP 地址	
	类别	IP 地址案例及归属地
Netscout (Arbor Networks)	云主机	23.253.126.58, AS33070 Rackspace Hosting
	云主机	104.239.157.210, AS33070 Rackspace Hosting
FBI	云主机	54.83.43.69, AS14618 Amazon.com, Inc.
CNNIC	ISP	221.8.69.25, AS4837 China Unicom China169 backbone
Vsbad.net	非公网	127.0.0.1

6.6 域名查封技术的安全问题

本节分析域名查封技术的安全问题，具体分析过期域名黑洞，并进行域名黑洞的接管实践。

6.6.1 过期域名黑洞

作为权威域名服务器，域名黑洞的本质仍然是互联网域名，到期后若不再续费则将被释放。因此，与普通域名相同，域名黑洞本身也存在过期后被任何个人或组织重新注册并控制（称为接管，take-over）的风险[57]。然而，接管域名黑洞产生的安全威胁较接管普通域名更大：根据式（3.32），由于被查封域名的解析依赖域名黑洞，域名黑洞被接管即意味着被其查封的所有恶意域名同时被接管。若过期域名黑洞被网络攻击者接管，则此前对恶意域名的查封行为将因此失效。

对 179 个域名黑洞自身的历史注册数据（从 $Dataset_{\text{whois}}$ 中抽取）进行分析，并通过检查域名注册时间判断其是否曾过期并被重新注册。根据公认的判定准则[173]，若同一域名的所有历史注册数据中存在两个不同的注册时间值，且其时间差超过 75 天（域名从到期至释放的一般缓冲期限），则可认定为过期重新注册。

分析结果显示，过期域名黑洞现象并非个例，多达 18 个（占比 10.1%）域名黑洞在历史上曾过期并更换注册人，存在被接管的安全风险。表 6.5 列出了历史上曾过期的域名黑洞及其目前的状态信息。在 18 个曾过期的域名黑洞中，15 个目前已被其他的个人或组织接管（占比 83.3%），其中

12 个已被其他网络安全公司或安全科研人员接管，剩余 3 个域名黑洞由于域名注册隐私保护技术的应用，目前无法确定具体的注册人，不排除已被网络攻击者接管的可能性。另有 1 个（cwgsh.org）目前被域名注册局锁定，无法过期或被接管，暂时不存在安全风险。特别地，安全公司 Netscout（Arbor Networks）维护的所有 6 个域名黑洞目前已全部被接管，说明其可能已经放弃此前的域名查封业务。在未完全确定被查封的域名不再具有安全风险前释放域名黑洞是非常危险的，上述分析结果暴露出部分域名监管机构对域名黑洞的管理和维护存在严重的安全漏洞。

表 6.5　过期域名黑洞及其当前状态

域名监管机构	域名黑洞	最后注册日期	当前状态[1]
Netscout（Arbor Networks）	ns1.arbors1nkh0le.com	2021-09-21	被作者接管
	ns[1,2].asertdns.com	2019-12-10	被其他安全公司接管
	ns[1,2].arbor-sinkhole.net	2021-10-28	被其他安全公司接管
	ns1.asert-sinkhole.net	2021-11-29	被作者接管
Conficker Working Group	cwgsh.net	2021-12-27	被未知注册人接管[2]
	cwgsh.org	2019-05-07	被域名注册局锁定
Zinkhole	ns[1,2].suspended-domain.org	2019-09-18	被其他安全公司接管
Security Scorecard	ns[1,2].sugarbucket.us	—[3]	未注册，可被接管
Kryptos Logic	ns[1,2].sinkhole.network	2018-09-28	被未知注册人接管
FBI	ns.fbi-cyber.net	2021-11-15	被作者接管
CNCERT	cncert-sinkhole.net	2021-09-24	被作者接管
Stony Brook University	ns[1,2].dafadfdffdf.com	2021-12-07	被作者接管

注：1 指成文时（2022 年 5 月）的状态。

2 由于域名注册隐私保护技术的应用，无法确定注册人身份。

3 域名当前未被注册，不存在最后注册日期。

6.6.2　域名黑洞接管实践

对DTMS系统检出的 179 个域名黑洞进行长期监控，在其中 6 个（包含 ns1.arbors1nkh0le.com、ns1.asert-sinkhole.net、fbi-cyber.net、cncert-sinkhole.net 和 ns[1,2].dafadfdffdf.com，构成的集合记为 *SinkTaken*）过

期释放后，成功将其再次注册并接管，以模拟过期域名黑洞被网络攻击者接管后的安全威胁场景。对各 $sink\_ns \in SinkTaken$，通过配置地址类型泛解析（wildcard）资源记录，将依赖于 $sink\_ns$ 进行解析的所有域名（被 $sink\_ns$ 查封的各域名）均指向蜜罐服务器 $honeypot$，实现对被查封域名解析权的接管并进行流量监听。经过以上设置，$honeypot$ 监听到的流量即为访问被查封域名的流量。

蜜罐服务器 $honeypot$ 自 2021 年 12 月 5 日起运行，并进行长期的全端口流量监听。经统计，访问流量绝大多数（占比超过 99.99%）在传输层基于 TCP 协议，很少存在 UDP 报文。图 6.5 展示了蜜罐服务器在2021 年 12 月 5 日至 12 月 31 日期间监听到的 TCP 连接请求规模，以 4小时为间隔统计。结果显示，互联网主机对被查封域名的访问非常活跃，每天蜜罐服务器收到的 TCP 连接请求多达 300 万次以上。此外，各天的访问流量规模具有较为明显的周期性变化特征，8:00 时左右最多、20:00时左右最少，猜测可能与僵尸网络对傀儡主机的周期性调度有关。

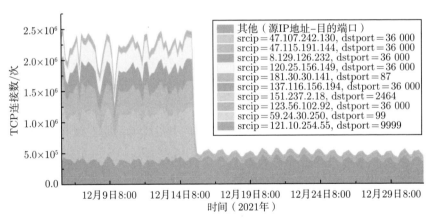

图 6.5　访问被查封域名的 TCP 连接数（见文前彩图）

注：统计间隔为 4h

为进一步明确访问流量的类别，对于部分发起请求数量较多的主机（例如图 6.5 所示的 47.107.242.130 主机），将其在 TCP 连接中发送的载荷（payload）与网络安全公司的威胁情报进行匹配，结果显示访问流量可能与 Nitol 僵尸网络有关。Nitol 是一种感染 Windows 操作系统的木马病毒，最初于 2012 年 12 月被 Microsoft 发现并报告，主要流行于中国、美国、埃及等国家[230]。因此，蜜罐服务器监听到的流量很可能是用于僵尸网络通信的命令与控制（command and control，C2）流量，其来源则是被远程控制的傀儡机，且目前非常活跃。

此接管实践进一步证明了过期域名黑洞存在极大的安全风险：网络攻击者可以对其进行接管并通过搭建类似蜜罐服务器对 C2 流量进行监听和响应，进而控制大量活跃的僵尸网络傀儡机和发送远程命令。攻击者实现接管的实际成本非常小，仅需支付域名黑洞的注册费，然而可因此控制大量被查封域名。因此，各域名监管机构非常有必要加强对域名黑洞的管理和定期维护，防止其因过期被其他个人或组织接管的事件再次发生。

6.7　讨论与建议

本章通过提出并实现基于域名状态转移图的域名查封行为挖掘与关联系统，对域名监管中的查封技术进行了测量研究。结果表明，域名黑洞和被查封域名的整体规模庞大；参与域名查封行为的监管机构包含网络安全公司、域名注册机构、国际组织、政府部门和科研机构等，在阻断僵尸网络等互联网攻击行为中起到了关键作用。此外，针对恶意域名的查封行为并非永久，导致其可能会被攻击者重新注册利用；各监管机构对恶意域名的认定规则不清晰，域名查封行为呈现自发性和不透明性，缺乏实践规范；部分机构对域名黑洞的管理和维护存在严重安全漏洞，导致其可能被任意个人接管。

根据主要结论，向相关方面提出以下具体建议：

1. 政策和规范制定方面

目前，域名监管中的查封技术缺乏统一的实践规范：查封行为高度不透明，且缺少关于监管机构和域名黑洞的公开信息。监管机构的域名查封行为大多是自发的，各自采用不同的标准对恶意域名进行认定，并决定是否将其释放。截至 2022 年，与之相关的规范仅包含 ICANN 于 2012 年发布的一般指导性文件[28] 和全球 48 家域名注册机构于 2020 年关于域名滥用行为达成的最新共识[231]。因此，需要推动制定针对域名查封行为的共识和标准，明确其中的技术细节，包含恶意域名认定规则（满足什么条件，涉及什么行为的域名需要被查封）、域名查封标准流程（域名查封行为需要经过哪些步骤，通过什么方式实现）、域名查封时间以及域名释放条件（域名需要被查封多久，达到什么条件即可被域名黑洞释放）等。

2. 域名监管机构方面

域名监管机构应当建立信息公开机制，明确被其查封的恶意域名及查封流程。前文提到，部分监管机构通过添加地址类型资源记录，将被查封域名指向告警页面用于提示域名被查封。然而，目前多数机构（例如Microsoft 和 Conficker Working Group）并未采用这一方案，导致普通互联网用户、网络安全研究者和其他机构无法得知域名已被查封，并可能再次发起针对域名的查封行为，导致资源浪费和威胁情报污染等不良后果。

域名监管机构应当对被查封域名的潜在危害性进行详细评估，以决定是否将其释放。评估标准需要考虑的因素包括：被查封域名的流行度（流行度高的域名更容易被重新注册）、被查封域名的访问流量规模（访问流量规模较大的域名可能仍然正在被滥用），以及被查封域名涉及的恶意行为（例如涉及网络犯罪行为的域名应当避免被释放）。此外，监管机构应加强与域名注册机构间的合作，推动注册费用减免和申请域名锁定，防止仍然存在安全威胁的恶意域名因过期被自动释放。

域名监管机构应当加强对域名黑洞的管理和定期维护，防止其因过期被其他个人或组织接管。针对域名黑洞的接管实践（参见 6.6 节）表明，一旦域名黑洞过期，通过很小的成本即可实现接管，并因此控制被其查封的大量恶意域名；网络攻击者接管过期域名黑洞后可控制大量活跃的傀儡机并发送远程命令，存在极大的安全风险。计划放弃域名查封业务的机构和计划更换域名黑洞的机构，应当对此前的域名黑洞和被查封域名进行妥善处理（例如迁移和锁定）。

6.8　本章小结

在域名监管层面，针对域名滥用行为和攻击事件的频发，引入域名查封技术，可以实现对互联网攻击行为的有效阻断。本章提出并实现了基于域名状态转移图的域名查封行为挖掘与关联系统DTMS，在互联网域名空间中检出超过 20 万个被查封的域名，证实了域名查封技术的普遍应用。然而，监管机构对恶意域名的认定标准和释放条件及依赖的网络基础设施均存在较大差异，需要出台指导规范。此外，部分监管机构维护的域名黑洞可以被接管，存在严重的安全漏洞。基于上述测量结果，本章向政策和规范制定者以及域名监管机构等方面提出了具体建议。

第 7 章　总结与展望

7.1　本书工作总结

　　域名是国际互联网的关键基础资源。维护互联网域名体系的安全与稳健，是保障互联网稳定运行的重要基础。近年来，为应对域名基础数据与用户隐私冲突风险、域名协议设计中安全特性缺失风险及域名滥用和攻击行为频发风险，通过引入安全技术，形成了互联网域名体系的最佳安全实践。安全技术的实际应用构成了遏制域名安全风险的核心前提。对相关协议和方案的部署现状和现实缺陷进行大规模测量研究，对进一步治理域名安全风险、保障互联网域名空间的稳健具有重要意义。本书将互联网域名体系划分为域名注册层面、域名解析层面和域名监管层面，建立其技术框架，对各层面引入的安全技术进行深入测量研究，主要内容和贡献总结如下：

　　在域名注册层面，本书提出并实现了基于文本相似性特征的数据隐私合规性分析系统WPMS，首次对全球 256 个域名注册机构的数据隐私保护技术进行了测量研究。通过分析 2 年内收集的 12.4 亿条域名注册数据发现，多数（占比超过 85％）域名注册机构对隐私数据进行妥善的访问控制；各机构普遍超前于现行规范的适用范围，对其管辖的所有数据均进行保护，导致大规模的域名注册数据损失。此外，通过整理 2005 年以来发表于 5 个重要网络安全国际学术会议共 4304 篇论文发现，其对域名注册数据的依赖程度逐年增加；然而，在以域名注册数据作为输入的研究方案中，占比高达 69％的工作将受到隐私保护的影响，证实了域名注册隐私保护技术对网络安全基础研究产生普遍制约。研究成果揭示隐私保护和安全应用之间的矛盾，为现有技术的改进提供了支撑，对未来域名基础数据安全管理规范的制定和执行具有参考价值。

在域名解析层面，本书提出并实现了主被动方法结合的大规模测量系统WPMS，首次对多项域名安全增强协议和方案的部署应用现状进行了测量研究。针对加密域名协议的研究发现，协议虽然起步较晚但得到了较好推广，域名服务器和协议流量规模迅速增长；然而，域名服务器普遍部署无效证书，大型域名服务存在配置缺陷，可能导致域名解析失败或削弱安全防护功能。另外，协议的服务质量优于传统域名协议且不引入明显的性能开销，具有良好的应用前景。针对域名签名协议的研究发现，协议虽然起步较早但是部署率仍然低于预期，域名签名率近年来仅有小幅增长；其很大程度上是由于协议本身具有较高的复杂性和自动化部署工具的缺乏。针对域名报文随机性增强方案的研究发现，几乎所有的递归域名服务器均采用随机源端口和消息序号，源于主流域名软件的普遍实现和默认开启；域名 0x20 编码由于尚未形成标准并可能存在兼容性问题，部署比例相对较低。研究成果获颁国际互联网组织重要奖项，有力促进了域名安全协议的进一步部署应用和协议标准的完善。

在域名监管层面，本书提出并实现了基于域名状态转移图的域名查封行为挖掘与关联系统DTMS，首次对域名空间中被查封的域名和监管机构维护的域名黑洞规模进行了测量研究。通过对历史域名解析日志和域名注册数据进行分析，共识别出 179 个域名黑洞和超过 20 万个被查封域名，证实了域名查封技术已成为普遍的监管实践。对各监管机构的策略进行深入分析发现，机构对恶意域名的认定标准、释放条件，以及依赖的网络基础设施均存在较大差异，对域名的查封行为呈现自发性特点，缺乏具体的实践指导。此外，部分域名黑洞的管理存在严重的安全漏洞，导致大量被查封的域名能够以较低成本被任意网络攻击者接管；通过对过期域名黑洞的接管实践证实，网络攻击者可利用该漏洞控制大量活跃的僵尸网络傀儡机。研究成果将域名查封行为透明化，发现严重的安全管理漏洞，对恶意域名检测业务、域名技术社区和参与域名监管的机构具有借鉴意义。

7.2　未来工作展望

本书对近年来形成最佳安全实践的互联网域名体系安全技术进行深入测量研究。随着互联网的不断演进，实现对域名安全风险的治理需要不断推进现有技术的部署应用和新型技术的设计引入，是一项长期任务。以本书当前的研究内容为基础，可从以下方面展开未来研究工作：

1. 新型安全技术和现有系统的扩展。除去已形成标准和规范的最佳安全实践，近年来仍有新的域名安全协议和方案形成，例如 DNS-over-QUIC 加密域名协议[232] 和经改良的 Oblivious DoH 协议框架[233]，均已于 2022 年形成标准。应持续关注最新的安全技术，待新型协议和方案相对成熟后展开测量研究；同时，对现有系统应当进行通用扩展，使之能够完成新的测量任务。

2. 测量研究的常态化和平台开放。通过对本书提出的系统进行长期维护，可以进行常态化的测量研究，持续输出相关协议和方案的最新部署应用现状。可尝试将本书提出的各项系统封装为大规模测量平台，对互联网技术社区开放使用。

3. 互联网域名体系中的"隐蔽"实体研究。现有的测量研究大多集中于对互联网域名体系中的公开可访问实体进行分析，例如开放的域名服务器。然而，互联网中存在更为"隐蔽"的实体，无法通过公共互联网直接访问（例如运营商分配的默认域名服务器）。如何设计实现测量平台，对相关协议和方案在上述隐蔽实体的部署应用情况进行研究，是当前尚未解决的难题。

参 考 文 献

[1]   VERISIGN. The domain name industry brief[EB/OL]. 2021. https://www.
        verisign.com/en_US/domain-names/dnib/index.xhtml.

[2]   中华人民共和国工业和信息化部. "十四五"信息通信行业发展规划 [EB/OL].
        2021. https://www.miit.gov.cn/cms_files/filemanager/1226211233/attach.
        202111/8091d85ce29a49c683ee187b1976d6e1.pdf.

[3]   BIASINI N, CHIU A, SCHULTZ J, et al. Talos discovery spotlight: Hun-
        dreds of thousands of google apps domains' private WHOIS information dis-
        closed[EB/OL]. 2015. https://blogs.cisco.com/security/talos/whoisdisclos-
        ure.

[4]   WHOISXML API. The web.com data breach: A quick investigation with do-
        main reputation lookup[EB/OL]. 2019. https://circleid.com/posts/20191119
        _web_dot_com_data_breach_quick_investigation_with_domain_reput-
        ation.

[5]   SHARMA A. Epik data breach impacts 15 million users, including non-
        customers[EB/OL]. 2021. https://arstechnica.com/information-technology
        /2021/09/epik-data-breach-impacts-15-million-users-including-non-custom-
        ers/.

[6]   ADAMITIS D, MAYNOR D, MERCER W, et al. DNS hijacking abuses
        trust in core internet service[EB/OL]. 2019. https://blog.talosintelligence.
        com/2019/04/seaturtle.html.

[7]   国家互联网应急中心. 关于境内大量家用路由器 DNS 服务器被篡改情况的
        通报 [EB/OL]. 2019. https://www.cert.org.cn/publish/main/9/2019/20190
        221082151886249953/20190221082151886249953_.html.

[8]   WICINSKI T. DNS privacy considerations[J/OL]. RFC, 2021, 9076: 1-22.
        https://doi.org/10.17487/RFC9076.

[9]   GROTHOFF C, WACHS M, ERMERT M, et al. NSA's morecowbell: Knell
        for DNS[J]. Unpublished technical report, 2017.

[10] The NSA and GCHQ's quantumtheory hacking tactics[EB/OL]. 2014. https://www.eff.org/files2014/04/09/20140312-intercept-the_nsa_and_gc-hqs_quantumtheorg_hacking_tactics.pdf.

[11] LEYDEN J. Microsoft seizes chinese dot-org to kill nitol bot army[EB/OL]. 2012. https://www.theregister.com/2012/09/13/botnet_takedown/.

[12] PAGANINI P. Microsoft partnered with security firms to sinkhole the c2 used in solarwinds hack [EB/OL]. 2020. https://securityaffairs.co/wordpress/112342/apt/microsoft-seized-c2-solarwinds-hack.html.

[13] BINANCE. Summary of the phishing and attempted stealing incident on binance[EB/OL]. 2018. https://www.binance.com/en-NG/support/announcement/summary-of-the-phishing-and-attempted-stealing-incident-on-binance-360001547431.

[14] MCCARTHY K. That apple.com link you clicked on? Yeah, it's actually russian[EB/OL]. 2017. https://www.theregister.com/2017/04/18/homograph_attack_again/.

[15] 中华人民共和国国家互联网信息办公室. 国家网信办持续治理网络生态顽疾, 集中查处一批违法违规色情、赌博和占卜网站 [EB/OL]. 2019. http://www.cac.gov.cn/2019-04/19/c_1124389996.htm.

[16] 中国新闻网. CNNIC: 2017 年处置色情和赌博域名应用超过 45 万个 [EB/OL]. 2018. https://www.chinanews.com.cn/cj/2018-02-12/8447849.shtml.

[17] ICANN. Registrar accreditation agreement[EB/OL]. 2013. https://www.icann.org/en/system/files/files/approved-with-specs-27jun13-en.pdf.

[18] 中华人民共和国工业和信息化部. 互联网域名管理办法 [EB/OL]. 2017. http://www.cac.gov.cn/2017-09/28/c_1121737753.htm.

[19] ICANN. Temporary specification for gTLD registration data[EB/OL]. 2018. https://www.icann.org/en/system/files/files/gtld-registration-data-temp-spec-17may18-en.pdf.

[20] KREBS B. Who is afraid of more spams and scams?[EB/OL]. 2018. https://krebsonsecurity.com/2018/03/who-is-afraid-of-more-spams-and-scams/.

[21] GOLOMB G. GDPR: Domain security analysis dead end?[EB/OL]. 2018. https://awakesecurity.com/blog/gdpr-domain-security-analysis/.

[22] JENKINS Q. How has GDPR affected spam?[EB/OL]. 2018. https://www.spamhaus.org/news/article/775/how-has-gdpr-affected-spam.

[23] HU Z, ZHU L, HEIDEMANN J S, et al. Specification for DNS over transport layer security (TLS) [J/OL]. RFC, 2016, 7858: 1-19. https://

doi.org/10.17487/RFC7858.

[24] HOFFMAN P E, MCMANUS P. DNS queries over HTTPS (DoH)[J/OL]. RFC, 2018, 8484: 1-21. https://doi.org/10.17487/RFC8484.

[25] ARENDS R, AUSTEIN R, LARSON M, et al. Protocol modifications for the DNS security extensions [J/OL]. RFC, 2005, 4035: 1-53. https://doi. org/10.17487/RFC4035.

[26] HUBERT B, VAN MOOK R. Measures for making DNS more resilient against forged answers[J/OL]. RFC, 2009, 5452: 1-18. https://doi. org/10.17487/RFC5452.

[27] DAGON D, ANTONAKAKIS M, VIXIE P, et al. Increased DNS forgery resistance through 0x20-bit encoding: Security via leet queries[C/OL]// Proceedings of the 15th ACM Conference on Computer and Communications Security. New York, NY, USA: Association for Computing Machinery, 2008: 211-222. https://doi.org/10.1145/1455770.1455798.

[28] ICANN. Guidance for preparing domain name orders, seizures & takedowns[EB/OL]. 2012. https://www.icann.org/en/system/files/files/guidance-domain-seizures-07mar12-en.pdf.

[29] RAHBARINIA B, PERDISCI R, ANTONAKAKIS M, et al. SinkMiner: Mining botnet sinkholes for fun and profit[C/OL]//Proceedings of the 6th USENIX Workshop on Large-Scale Exploits and Emergent Threats (LEET 13). Washington, D.C.: USENIX Association, 2013. https://www.usenix.org/conference/leet13/workshop-program/presentation/rahbarinia.

[30] U.S. Department of Justice. United states seizes websites used by the iranian islamic radio and television union and kata'ib hizballah[EB/OL]. 2021. https://www.justice.gov/opa/pr/united-states-seizes-websites-used-iranian-islamic-radio-and-television-union-and-kata-ib.

[31] 陆超逸, 刘保君, 段海新. 美国查封伊朗媒体域名事件背后的技术分析 [EB/OL]. 2021. https://mp.weixin.qq.com/s/IxXskW5r66Alyz9zFkCwCg.

[32] Cybercrime Programme Office of the Council of Europe (C-PROC). Cybercrime digest [EB/OL]. 2021. https://rm.coe.int/cyber-digest-cproc-2020-02-02/1680a1a2ae.

[33] CERT-SE . Weekly letter v.8[EB/OL]. 2021. https://www.cert.se/2021/02/cert-se-s-veckobrev-v-8.

[34] Anti-Phishing Working Group (APWG), Messaging, Malware and Mobile Anti-Abuse Working Group (M3AAWG). ICANN, GDPR, and the

WHOIS: A users survey - three years later [EB/OL]. 2021. https://www.icann.org/en/system/files/correspondence/cadagin-shiver-to-mar by-et-al-08jun21-en.pdf.

[35] ICANN Security and Stability Advisory Committee (SSAC). SAC109: The implications of DNS over HTTPS and DNS over TLS[EB/OL]. 2020. https://www.icann.org/en/system/files/files/sac-109-en.pdf.

[36] MOCKAPETRIS P V. Domain names - concepts and facilities[J/OL]. RFC, 1987, 1034: 1-55. https://doi.org/10.17487/RFC1034.

[37] IANA. Root zone database[EB/OL]. https://www.iana.org/domains/root/db.

[38] HALVORSON T, SZURDI J, MAIER G, et al. The biz top-level domain: Ten years later[C]//Proceedings of the International Conference on Passive and Active Network Measurement. Springer, 2012: 221-230.

[39] HALVORSON T, LEVCHENKO K, SAVAGE S, et al. Xxxtortion? Inferring registration intent in the .xxx TLD[C/OL]//Proceedings of the 23rd International Conference on World Wide Web. New York, NY, USA: Association for Computing Machinery, 2014: 901-912. https://doi.org/10.1145/2566486.2567995.

[40] HALVORSON T, DER M F, FOSTER I, et al. From .academy to .zone: An analysis of the new TLD land rush[C/OL]//Proceedings of the 2015 Internet Measurement Conference. New York, NY, USA: Association for Computing Machinery, 2015: 381-394. https://doi.org/10.1145/2815675.2815696.

[41] CHEN Q A, OSTERWEIL E, THOMAS M, et al. MitM attack by name collision: Cause analysis and vulnerability assessment in the new gTLD era[C/OL]//Proceedings of the 2016 IEEE Symposium on Security and Privacy (SP). 2016: 675-690. https://doi.org/10.1109/SP.2016.46.

[42] CHEN Q A, THOMAS M, OSTERWEIL E, et al. Client-side name collision vulnerability in the new gTLD era: A systematic study[C/OL]//Proceedings of the 2017 ACM SIGSAC Conference on Computer and Communications Security. New York, NY, USA: Association for Computing Machinery, 2017: 941-956. https://doi.org/10.1145/3133956.3134084.

[43] KORCZYNSKI M, WULLINK M, Tajalizadehkhoob S, et al. Cybercrime after the sunrise: A statistical analysis of DNS abuse in new gTLDs [C/OL]//Proceedings of the 2018 on Asia Conference on Computer and Communications Security. New York, NY, USA: Association for Computing Machinery, 2018: 609-623. https://doi.org/10.1145/ 3196494.3196548.

[44] KLENSIN J C. Internationalized domain names for applications (IDNA): Definitions and document framework[J/OL]. RFC, 2010, 5890: 1-23. https://doi.org/10.17487/RFC5890.

[45] COSTELLO A M. Punycode: A bootstring encoding of unicode for internationalized domain names in applications (IDNA)[J/OL]. RFC, 2003, 3492: 1-35. https://doi.org/10.17487/RFC3492.

[46] LIU B, LU C, LI Z, et al. A reexamination of internationalized domain names: The good, the bad and the ugly[C/OL]//Proceedings of the 48th Annual IEEE/IFIP International Conference on Dependable Systems and Networks (DSN). 2018: 654-665. https://doi.org/10.1109/DSN.2018.00072.

[47] LE POCHAT V, GOETHEM T V, JOOSEN W. Funny accents: Exploring genuine interest in internationalized domain names[C]//Proceedings of the International Conference on Passive and Active Network Measurement. Springer, 2019: 178-194.

[48] HOLGERS T, WATSON D E, GRIBBLE S D. Cutting through the confusion: A measurement study of homograph attacks[C]//Proceedings of the USENIX Annual Technical Conference, General Track. 2006: 261-266.

[49] SAWABE Y, CHIBA D, AKIYAMA M, et al. Detection method of homograph internationalized domain names with OCR[J]. Journal of Information Processing, 2019, 27: 536-544.

[50] SUZUKI H, CHIBA D, YONEYA Y, et al. Shamfinder: An automated framework for detecting IDN homographs[C/OL]//Proceedings of the Internet Measurement Conference. New York, NY, USA: Association for Computing Machinery, 2019: 449-462. https://doi.org/10.1145/3355369.3355587.

[51] ICANN. Registry agreement[EB/OL]. 2017. https://newgtlds.icann.org/sites/default/files/agreements/agreement-approved-31jul17-en.pdf.

[52] CLAYTON R, MANSFIELD T. A study of WHOIS privacy and proxy service abuse[C]//Proceedings of the 13th Workshop on the Economics of Information Security. 2014.

[53] LIU S, FOSTER I, SAVAGE S, et al. Who is .com? Learning to parse WHOIS records[C/OL]//Proceedings of the 2015 Internet Measurement Conference. New York, NY, USA: Association for Computing Machinery, 2015: 369-380. https://doi.org/10.1145/2815675.2815693.

[54] LEONTIADIS N, CHRISTIN N. Empirically measuring WHOIS misuse[C]//Proceedings of the European Symposium on Research in Computer Security. Springer, 2014: 19-36.

[55] HOLLENBECK S, NEWTON A. Registration data access protocol (RDAP) query format[J/OL]. RFC, 2021, 9082: 1-18. https://doi.org/10.1 7487/RFC9082.

[56] LAUINGER T, ONARLIOGLU K, CHAABANE A, et al. Whois lost in translation: (Mis) understanding domain name expiration and re-registration[C/OL]//Proceedings of the 2016 Internet Measurement Conference. New York, NY, USA: Association for Computing Machinery, 2016: 247-253. https://doi.org/10.1145/2987443.2987463.

[57] LAUINGER T, CHAABANE A, BUYUKKAYHAN A S, et al. Game of registrars: An empirical analysis of post-expiration domain name takeovers[C/OL]//Proceedings of the 26th USENIX Security Symposium (USENIX Security 17). Vancouver, BC: USENIX Association, 2017: 865-880. https://www.usenix.org/conference/usenixsecurity17/technical-sess-ions/presentation/lauinger.

[58] LEVER C, WALLS R, NADJI Y, et al. Domain-z: 28 registrations later measuring the exploitation of residual trust in domains[C/OL]//Proceedings of the 2016 IEEE Symposium on Security and Privacy (SP). 2016: 691-706. https://doi.org/10.1109/SP.2016.47.

[59] LAUINGER T, BUYUKKAYHAN A S, CHAABANE A, et al. From deletion to re-registration in zero seconds: Domain registrar behaviour during the drop[C/OL]//Proceedings of the Internet Measurement Conference 2018. New York, NY, USA: Association for Computing Machinery, 2018: 322-328. https://doi.org/10.1145/3278532.3278560.

[60] AKIWATE G, SAVAGE S, VOELKER G M, et al. Risky bizness: Risks derived from registrar name management[C]//Proceedings of the 21st ACM Internet Measurement Conference. 2021: 673-686.

[61] MOCKAPETRIS P V. Domain names - implementation and specification[J/OL]. RFC, 1987, 1035: 1-55. https://doi.org/10.17487/RFC1035.

[62] SCHUBA C, SPAFFORD E H. Addressing weaknesses in the domain name system protocol[J]. Master's thesis, Purdue University, 1993.

[63] SACRAMENTO V. Cais-alert: Vulnerability in the sending requests control of BIND [EB/OL]. 2002. http://opennet.ru/base/netsoft/1038332283 _288.txt.html.

[64] KAMINSKY D. Black ops 2008: It's the end of the cache as we know it[J]. Black Hat USA, 2008, 2.

[65] SON S, SHMATIKOV V. The hitchhiker's guide to DNS cache poison-

ing[C]//Proceedings of the International Conference on Security and Privacy in Communication Systems. Springer, 2010: 466-483.

[66] HERZBERG A, SHULMAN H. Security of patched DNS[C]//Proceedings of the European Symposium on Research in Computer Security. Springer, 2012: 271-288.

[67] HERZBERG A, SHULMAN H. Vulnerable delegation of DNS resolution[C]//Proceedings of the European Symposium on Research in Computer Security. Springer, 2013: 219-236.

[68] HERZBERG A, SHULMAN H. Fragmentation considered poisonous, or: One-domain-to-rule-them-all. org[C/OL]//Proceedings of the 2013 IEEE Conference on Communications and Network Security (CNS). 2013: 224-232. https://doi.org/10.1109/CNS.2013.6682711.

[69] SHULMAN H, WAIDNER M. Fragmentation considered leaking: Port inference for DNS poisoning [C]//Proceedings of the International Conference on Applied Cryptography and Network Security. Springer, 2014: 531-548.

[70] BRANDT M, DAI T, KLEIN A, et al. Domain validation++ for mitm-resilient PKI[C/OL]//Proceedings of the 2018 ACM SIGSAC Conference on Computer and Communications Security. New York, NY, USA: Association for Computing Machinery, 2018: 2060-2076. https://doi.org/10.1145/3243734.3243790.

[71] ZHENG X, LU C, PENG J, et al. Poison over troubled forwarders: A cache poisoning attack targeting DNS forwarding devices [C/OL]//Proceedings of the 29th USENIX Security Symposium (USENIX Security 20). USENIX Association, 2020: 577-593. https://www.usenix.org/conference/usenixsecurity20/presentation/zheng.

[72] DAI T, JEITNER P, SHULMAN H, et al. The hijackers guide to the galaxy: Off-path taking over internet resources [C/OL] // Proceedings of the 30th USENIX Security Symposium (USENIX Security 21). USENIX Association, 2021: 3147-3164. https://www.usenix.org/conference/usenixsecurity21/presentation/dai.

[73] DAI T, SHULMAN H, WAIDNER M. DNS-over-TCP considered vulnerable[C/OL]// Proceedings of the Applied Networking Research Workshop. New York, NY, USA: Association for Computing Machinery, 2021: 76-81. https://doi.org/10.1145/3472305.3472884.

[74] FUJIWARA K, VIXIE P A. Fragmentation avoidance in DNS: draft-ietf-dnsop-avoid-fragmentation-06[R/OL]. Internet Engineering Task Force,

2021. https://datatracker.ietf.org/doc/html/draft-ietf-dnsop-avoid-fragm-entation-06.

[75] MAN K, QIAN Z, WANG Z, et al. DNS cache poisoning attack reloaded: Revolutions with side channels[C/OL]//Proceedings of the 2020 ACM SIGSAC Conference on Computer and Communications Security. New York, NY, USA: Association for Computing Machinery, 2020: 1337-1350. https://doi.org/10.1145/3372297.3417280.

[76] MAN K, ZHOU X, QIAN Z. DNS cache poisoning attack: Res-urrections with side channels[C/OL]//Proceedings of the 2021 ACM SIGSAC Conference on Computer and Communications Security. New York, NY, USA: Association for Computing Machinery, 2021: 3400-3414. https://doi.org/10.1145/3460120.3486219.

[77] ARYAN S, ARYAN H, HALDERMAN J A. Internet censorship in iran: A first look[C/OL]//Proceedings of the 3rd USENIX Workshop on Free and Open Communications on the Internet (FOCI 13). Wash-ington, D.C.: USENIX Association, 2013. https://www.usenix.org/confe-rence/foci13/workshop-program/presentation/aryan.

[78] NABI Z. The anatomy of web censorship in pakistan[C/OL]//Proceedings of the 3rd USENIX Workshop on Free and Open Communications on the Internet (FOCI 13). Washington, D.C.: USENIX Associa-tion, 2013. https://www.usenix.org/conference/foci13/workshop-program/presentation/nabi.

[79] PEARCE P, JONES B, LI F, et al. Global measurement of DNS ma-nipulation[C/OL]//Proceedings of the 26th USENIX Security Sympo-sium (USENIX Security 17). Vancouver, BC: USENIX Association, 2017: 307-323. https://www.usenix.org/conference/usenixsecurity17/technical-se-ssions/presentation/pearce.

[80] NIAKI A A, CHO S, WEINBERG Z, et al. ICLab: A global, longi-tudinal internet censorship measurement platform[C/OL]//Proceedings of the 2020 IEEE Symposium on Security and Privacy (SP). 2020: 135-151. https://doi.org/10.1109/SP40000.2020.00014.

[81] ANONYMOUS. The collateral damage of internet censorship by DNS in-jection[J/OL]. SIGCOMM Computer Communication Review, 2012, 42(3): 21-27. https://doi.org/10.1145/2317307.2317311.

[82] DUAN H, WEAVER N, ZHAO Z, et al. Hold-on: Protecting against on-path DNS poisoning[C]//Proceedings of Workshop on Securing and Trusting

Internet Names, SATIN. Citeseer, 2012.

[83] Google Public DNS[EB/OL]. https://developers.google.com/speed/public-dns.

[84] Cloudfare DNS[EB/OL]. https://1.1.1.1/.

[85] DAGON D, PROVOS N, LEE C P, et al. Corrupted DNS resolution paths: The rise of a malicious resolution authority[C/OL]//Proceedings of the 15th Network and Distributed System Security Symposium (NDSS 2008). Internet Society, 2008. https://www.ndss-symposium.org/wp-content/uploads/2017/09/Corrupted-DNS-Resolution-Paths-The-Rise-of-a-Malicious-Resolution-Authority-paper-David-Dagon.pdf.

[86] YE G. 70+ different types of home routers (all together 100,000+) are being hijacked by GhostDNS[EB/OL]. 2018. https://blog.netlab.360.com/70-different-types-of-home-routers-all-together-100000-are-being-hijacked-by-ghostdns-en/.

[87] WEAVER N, KREIBICH C, PAXSON V. Redirecting DNS for ads and profit[C/OL]//Proceedings of the 1st USENIX Workshop on Free and Open Communications on the Internet (FOCI 11). San Francisco, CA: USENIX Association, 2011. https://www.usenix.org/legacy/events/foci11/tech/final_files/Weaver.pdf.

[88] SCHOMP K, CALLAHAN T, RABINOVICH M, et al. On measuring the client-side DNS infrastructure [C/OL]//Proceedings of the 2013 Conference on Internet Measurement Conference. New York, NY, USA: Association for Computing Machinery, 2013: 77-90. https://doi.org/10.1145/2504730.2504734.

[89] CHUNG T, CHOFFNES D, MISLOVE A. Tunneling for transparency: A large-scale analysis of end-to-end violations in the internet [C/OL]//Proceedings of the 2016 Internet Measurement Conference. New York, NY, USA: Association for Computing Machinery, 2016: 199-213. https://doi.org/10.1145/2987443.2987455.

[90] LIU B, LU C, DUAN H, et al. Who is answering my queries: Understanding and characterizing interception of the DNS resolution path[C/OL]//Proceedings of the 27th USENIX Security Symposium (USENIX Security 18). Baltimore, MD: USENIX Association, 2018: 1113-1128. https://www.usenix.org/conference/usenixsecurity18/presentation/liu-baojun.

[91] KÜHRER M, HUPPERICH T, BUSHART J, et al. Going wild: Large-scale

classification of open DNS resolvers[C/OL]//Proceedings of the 2015 Internet Measurement Conference. New York, NY, USA: Association for Computing Machinery, 2015: 355-368. https://doi.org/10.1145/2815675.2815683.

[92]　KALAFUT A J, GUPTA M, COLE C A, et al. An empirical study of orphan DNS servers in the internet[C/OL]//Proceedings of the 10th ACM SIGCOMM Conference on Internet Measurement. New York, NY, USA: Association for Computing Machinery, 2010: 308-314. https://doi.org/10.1145/1879141.1879182.

[93]　LIU D, HAO S, WANG H. All your DNS records point to us: Understanding the security threats of dangling DNS records[C/OL]//Proceedings of the 2016 ACM SIGSAC Conference on Computer and Communications Security. New York, NY, USA: Association for Computing Machinery, 2016: 1414-1425. https://doi.org/10.1145/2976749.2978387.

[94]　JONES B, FEAMSTER N, PAXSON V, et al. Detecting DNS root manipulation[C]//Proceedings of International Conference on Passive and Active Network Measurement. Springer, 2016: 276-288.

[95]　RIPE NCC STAFF. Ripe atlas: A global internet measurement network[J]. Internet Protocol Journal, 2015, 18(3).

[96]　VISSERS T, BARRON T, VAN GOETHEM T, et al. The wolf of name street: Hijacking domains through their nameservers[C/OL]//Proceedings of the 2017 ACM SIGSAC Conference on Computer and Communications Security. New York, NY, USA: Association for Computing Machinery, 2017: 957-970. https://doi.org/10.1145/3133956.3133988.

[97]　HERRMANN D, BANSE C, FEDERRATH H. Behavior-based tracking: Exploiting characteristic patterns in DNS traffic[J]. Computers & Security, 2013, 39: 17-33.

[98]　CHANG D, ZHANG Q, LI X. Study on OS fingerprinting and NAT/tethering based on DNS log analysis[C]//Proceedings of IRTF & ISOC Workshop on Research and Applications of Internet Measurements (RAIM). 2015.

[99]　KIM D W, ZHANG J. You are how you query: Deriving behavioral fingerprints from DNS traffic [C]//Proceedings of International Conference on Security and Privacy in Communication Systems. Springer, 2015: 348-366.

[100]　KIRCHLER M, HERRMANN D, LINDEMANN J, et al. Tracked without a trace: Linking sessions of users by unsupervised learning of patterns in their DNS traffic[C/OL]//Proceedings of the 2016 ACM Workshop on Artificial

Intelligence and Security. New York, NY, USA: Association for Computing Machinery, 2016: 23-34. https://doi.org/10.1145/2996758.2996770.

[101] ZHU L, HU Z, HEIDEMANN J, et al. Connection-oriented DNS to improve privacy and security [C/OL]//Proceedings of the 2015 IEEE Symposium on Security and Privacy. 2015: 171-186. https://doi.org/10.1109/SP.2015.18.

[102] NAKATSUKA Y, PAVERD A, TSUDIK G. PDoT: Private DNS-over-TLS with TEE support[J/OL]. Digital Threats: Research and Practice, 2021, 2(1). https://doi.org/10.1145/3431171.

[103] SINGANAMALLA S, CHUNHAPANYA S, HOYLAND J, et al. Oblivious DNS over HTTPS (ODoH): A practical privacy enhancement to DNS[J]. Privacy Enhancing Technologies, 2021, 2021(4): 575-592.

[104] HUANG Q, CHANG D, LI Z. A comprehensive study of DNS-over-HTTPS downgrade attack [C/OL]//Proceedings of the 10th USENIX Workshop on Free and Open Communications on the Internet. USENIX Association, 2020. https://www.usenix.org/conference/foci20/presentation/huang.

[105] HOUSER R, LI Z, COTTON C, et al. An investigation on information leakage of DNS over TLS [C/OL]//Proceedings of the 15th International Conference on Emerging Networking Experiments And Technologies. New York, NY, USA: Association for Computing Machinery, 2019: 123-137. https://doi.org/10.1145/3359989.3365429.

[106] SIBY S, JUÁREZ M, DÍAZ Z, et al. Encrypted DNS -> privacy? A traffic analysis perspective [C/OL]//Proceedings of the 27th Annual Network and Distributed System Security Symposium, NDSS 2020, San Diego, California, USA, February 23-26, 2020. The Internet Society, 2020. https://www.ndss-symposium.org/ndss-paper/encrypted-dns-privacy-a-traffic-analysis-perspective/.

[107] TREVISAN M, SORO F, MELLIA M, et al. Does domain name encryption increase users' privacy? [J/OL]. SIGCOMM Comput. Commun. Rev., 2020, 50(3): 16-22. https://doi.org/10.1145/3411740.3411743.

[108] MAYRHOFER A. The EDNS(0) padding option[J/OL]. RFC, 2016, 7830: 1-5. https://doi.org/10.17487/RFC7830.

[109] BASSO S. Measuring DoT/DoH blocking using OONI probe: A preliminary study[C]//DNS Privacy Workshop 2021. 2021.

[110] ARENDS R, AUSTEIN R, LARSON M, et al. DNS security introduction and requirements[J/OL]. RFC, 2005, 4033: 1-21. https://doi.org/10.17487/RFC4033.

[111] ARENDS R, AUSTEIN R, LARSON M, et al. Resource records for the DNS security extensions[J/OL]. RFC, 2005, 4034: 1-29. https://doi.org/10.17487/RFC4034.

[112] OSTERWEIL E, MASSEY D, ZHANG L. Deploying and monitoring DNS security (DNSSEC)[C/OL]//Proceedings of the 2009 Annual Computer Security Applications Conference. 2009: 429-438. https://doi.org/10.1109/ACSAC.2009.47.

[113] DECCIO C, SEDAYAO J, KANT K, et al. Quantifying and improving DNSSEC availability[C]//Proceedings of 20th International ConFerence on Computer Communications and Networks (ICCCN). IEEE, 2011: 1-7.

[114] DAI T, SHULMAN H, WAIDNER M. DNSSEC misconfigurations in popular domains[C]//Proceedings of the International Conference on Cryptology and Network Security. Springer, 2016: 651-660.

[115] CHUNG T, VAN RIJSWIJK-DEIJ R, CHANDRASEKARAN B, et al. A longitudinal, End-to-End view of the DNSSEC ecosystem[C/OL]//Proceedings of the 26th USENIX Security Symposium (USENIX Security 17). Vancouver, BC: USENIX Association, 2017: 1307-1322. https://www.usenix.org/conference/usenixsecurity17/technical-sessions/presentation/chung.

[116] VAN RIJSWIJK-DEIJ R, JONKER M, SPEROTTO A. On the adoption of the elliptic curve digital signature algorithm (ECDSA) in DNSSEC[C/OL]//Proceedings of the 12th International Conference on Network and Service Management (CNSM). 2016: 258-262. https://doi.org/10.1109/CNSM.2016.7818428.

[117] VAN RIJSWIJK-DEIJ R, HAGEMAN K, SPEROTTO A, et al. The performance impact of elliptic curve cryptography on DNSSEC validation[J/OL]. IEEE/ACM Transactions on Networking, 2017, 25(2): 738-750. https://doi.org/10.1109/TNET.2016.2605767.

[118] MÜLLER M, DE JONG J, VAN HEESCH M, et al. Retrofitting post-quantum cryptography in internet protocols: A case study of DNSSEC[J/OL]. SIGCOMM Comput. Commun. Rev., 2020, 50(4): 49-57. https://doi.org/10.1145/3431832.3431838.

[119] MÜLLER M, TOOROP W, CHUNG T, et al. The reality of algorithm agility: Studying the DNSSEC algorithm life-cycle[C/OL]//Proceedings of the ACM Internet Measurement Conference. New York, NY, USA: Association for Computing Machinery, 2020: 295-308. https://doi.org/

10.1145/3419394.3423638.

[120] YADAV S, REDDY A K K, REDDY A N, et al. Detecting algorithmically generated malicious domain names[C/OL]//Proceedings of the 10th ACM SIGCOMM Conference on Internet Measurement. New York, NY, USA: Association for Computing Machinery, 2010: 48-61. https://doi.org/10.1145/1879141.1879148.

[121] ANTONAKAKIS M, PERDISCI R, NADJI Y, et al. From throw-away traffic to bots: Detecting the rise of DGA-based malware [C/OL]//Proceedings of the 21st USENIX Security Symposium (USENIX Security 12). Bellevue, WA: USENIX Association, 2012: 491-506. https://www.usenix.org/conference/usenixsecurity12/technical-sessions/presentation/antonakakis.

[122] SCHÜPPEN S, TEUBERT D, HERRMANN P, et al. FANCI: Feature-based automated NXDomain classification and intelligence [C/OL]//Proceedings of the 27th USENIX Security Symposium (USENIX Security 18). Baltimore, MD: USENIX Association, 2018: 1165-1181. https://www.usenix.org/conference/usenixsecurity18/presentation/schuppen.

[123] WANG Y M, BECK D, WANG J, et al. Strider typo-patrol: Discovery and analysis of systematic typo-squatting[C]//Proceedings of the 2nd conference on Steps to Reducing Unwanted Traffic on the Internet-Volume 2. 2006: 5-5.

[124] NIKIFORAKIS N, VAN ACKER S, MEERT W, et al. Bitsquatting: Exploiting bit-fips for fun, or profit? [C/OL]//Proceedings of the 22nd International Conference on World Wide Web. New York, NY, USA: Association for Computing Machinery, 2013: 989-998. https://doi.org/10.1145/2488388.2488474.

[125] KINTIS P, MIRAMIRKHANI N, LEVER C, et al. Hiding in plain sight: A longitudinal study of combosquatting abuse[C/OL]//Proceedings of the 2017 ACM SIGSAC Conference on Computer and Communications Security. New York, NY, USA: Association for Computing Machinery, 2017: 569-586. https://doi.org/10.1145/3133956.3134002.

[126] DU K, YANG H, LI Z, et al. TL; DR hazard: A comprehensive study of levelsquatting scams[C]//Proceedings of the International Confrence on Security and Privacy in Communication Systems. Springer, 2019: 3-25.

[127] CALLAHAN T, ALLMAN M, RABINOVICH M. Pssst, over here: Communicating without fixed infrastructure[C/OL]//Proceedings of the International Conference on Computer Communications. IEEE, 2012: 2841-2845. http://doi.org/10.1109/INFCOM.2012.6195712.

[128] QI C, CHEN X, XU C, et al. A bigram based real time DNS tunnel detection approach[J]. Procedia Computer Science, 2013, 17: 852-860.

[129] ALRWAIS S, YUAN K, ALOWAISHEQ E, et al. Understanding the dark side of domain parking[C/OL]//Proceedings of the 23rd USENIX Security Symposium (USENIX Security 14). San Diego, CA: USENIX Association, 2014: 207-222. https://www.usenix.org/conference/usenixsecurity14/technical-sessions/presentation/alrwais.

[130] VISSERS T, JOOSEN W, NIKIFORAKIS N. Parking sensors: Analyzing and detecting parked domains [C/OL]//Proceedings of the 22nd Network and Distributed System Security Symposium (NDSS 2015). Internet Society, 2015: 53-53. http://dx.doi.org/10.14722/ndss.2015.23053.

[131] NTOULAS A, NAJORK M, MANASSE M, et al. Detecting spam web pages through content analysis [C]//Proceedings of the 15th international conference on World Wide Web. 2006: 83-92.

[132] URVOY T, CHAUVEAU E, FILOCHE P, et al. Tracking web spam with HTML style similarities[J/OL]. ACM Trans. Web, 2008, 2(1). https://doi.org/10.1145/1326561.1326564.

[133] LEONTIADIS N, MOORE T, CHRISTIN N. Measuring and analyzing search-redirection attacks in the illicit online prescription drug trade[C]//Proceedings of the 20th USENIX Security Symposium (USENIX Security 11). 2011.

[134] THOMAS K, GRIER C, MA J, et al. Design and evaluation of a real-time URL spam filtering service [C/OL]//Proceedings of the 2011 IEEE Symposium on Security and Privacy. 2011: 447-462. https://doi.org/10.1109/SP.2011.25.

[135] COULL S E, WHITE A M, YEN T F, et al. Understanding domain registration abuses[C]//Proceedings of the IFIP International Information Security Conference. Springer, 2010: 68-79.

[136] HAO S, THOMAS M, PAXSON V, et al. Understanding the domain registration behavior of spammers [C/OL]//Proceedings of the 2013 Conference on Internet Measurement Conference. New York, NY, USA: Association for Computing Machinery, 2013: 63-76. https://doi.org/10.1145/2504730.2504753.

[137] HAO S, KANTCHELIAN A, MILLER B, et al. Predator: Proactive recognition and elimination of domain abuse at time-of-registration[C/OL]//Proceedings of the 2016 ACM SIGSAC Conference

on Computer and Communications Security. New York, NY, USA: Association for Computing Machinery, 2016: 1568-1579. https://doi.org/ 10.1145/2976749.2978317.

[138] VISSERS T, SPOOREN J, AGTEN P, et al. Exploring the ecosystem of malicious domain registrations in the .eu TLD[C]//Proceedings of the International Symposium on Research in Attacks, Intrusions, and Defenses. Springer, 2017: 472-493.

[139] ANTONAKAKIS M, PERDISCI R, LEE W, et al. Detecting malware domains at the upper DNS hierarchy[C]//Proceedings of the 20th USENIX Security Symposium (USENIX Security 11). 2011.

[140] KARA A M, BINSALLEEH H, MANNAN M, et al. Detection of malicious payload distribution channels in DNS[C/OL]//Proceedings of the 2014 IEEE International Conference on Communications (ICC). Sydney, Australia, 2014: 853-858. https://doi.org/10.1109/ICC.2014.6883426.

[141] KHALIL I, YU T, GUAN B. Discovering malicious domains through passive DNS data graph analysis [C/OL]//Proceedings of the 11th ACM on Asia Conference on Momputer and Communications Security. New York, NY, USA: Association for Computing Machinery, 2016: 663-674. https://doi.org/10.1145/2897845.2897877.

[142] LIU D, LI Z, DU K, et al. Don't let one rotten apple spoil the whole barrel: Towards automated detection of shadowed domains[C/OL]//Proceedings of the 2017 ACM SIGSAC Conference on Computer and Communications Security. New York, NY, USA: Association for Computing Machinery, 2017: 537-552. https://doi.org/10.1145/3133956.3134049.

[143] LIU B, LI Z, ZONG P, et al. Traffickstop: Detecting and measuring illicit traffic monetization through large-scale DNS analysis[C/OL]// Proceedings of the 4th IEEE European Symposium on Security and Privacy. Stockholm, Sweden, 2019: 560-575. https://bpu-us-e2.wpmulcdn. com/faculty.sites.uci.edu/dist/5/764/files/2019/04/eurosp19. pdf.

[144] HAO S, FEAMSTER N, PANDRANGI R. Monitoring the initial DNS behavior of malicious domains [C/OL]//Proceedings of the 2011 ACM SIGCOMM Conference on Internet Measurement Conference. New York, NY, USA: Association for Computing Machinery, 2011: 269-278. https:// doi.org/10.1145/2068816.2068842.

[145] YAROCHKIN F, KROPOTOV V, HUANG Y, et al. Investigating DNS traffic anomalies for malicious activities[C/OL]//Proceedings of the

43rd Annual IEEE/IFIP Conference on Dependable Systems and Networks Workshop. Budapest, Hungary, 2013: 1-7. https://doi.org/10.1109/DSNW.2013.6615506.

[146] IANA. Registrar IDs[EB/OL]. https://www.iana.org/assignments/registrar-ids/registrar-ids.xhtml.

[147] DAIGLE L. WHOIS protocol specifcation[J/OL]. RFC, 2004, 3912: 1-4. https://doi.org/10.17487/RFC3912.

[148] IANA. Domain name system (DNS) parameters[EB/OL]. 2022. https://www.iana.org/assignments/dns-parameters/dns-parameters.xhtml.

[149] LAMPSON B W. Protection[J/OL]. SIGOPS Oper. Syst. Rev., 1974, 8(1): 18-24. https://doi.org/10.1145/775265.775268.

[150] Protect your privacy with whoisguard[EB/OL]. 2013. http://www.whoisguard.com/.

[151] Enom. GDPR WHOIS Changes[EB/OL]. https://www.enom.com/blog/wp-content/uploads/2018/06/gdpr_whois_changes_enom_2018.pdf.

[152] Gandi.net. GDPR and Whois[EB/OL]. 2018. https://news.gandi.net/en/2018/05/gdpr-and-whois/.

[153] GoDaddy. Privacy FAQ[EB/OL]. https://uk.godaddy.com/help/privacy-faq-27923.

[154] 360Netlab. Network security research lab at 360[EB/OL]. https://blog.netlab.360.com/.

[155] SINGHAL A, BUCKLEY C, MITRA M. Pivoted document length normalization[C/OL]//Proceedings of the 19th Annual International ACM SIGIR Conference on Research and Development in Information Retrieval. New York, NR, USA: Association for Computing Machinery, 1996: 21-29. https://doi.org/10.1145/243199.243206.

[156] ESTER M, KRIEGEL H P, SANDER J, et al. A density-based algorithm for discovering clusters in large spatial databases with noise[C]//Proceedings of the Second International Conference on Knowledge Discovery and Data Mining. Portland, Oregon: AAAI Press, 1996: 226-231.

[157] MANNING C D, SURDEANU M, BAUER J, et al. The Stanford CoreNLP natural language processing toolkit[C]//Proceedings of the 52nd Annual Meeting of the Association for Computational Linguistics (ACL) System Demonstrations. Stroudsburg, PA, 2014: 55-60.

[158] DEAN J, GHEMAWAT S. Mapreduce: Simplified data processing on large clusters[J/OL]. Commun. ACM, 2008, 51(1): 107-113.

https://doi.org/10.1145/1327452.1327492.

[159] PEDREGOSA F, VAROQUAUX G, Gramfort A, et al. Scikit-learn: Machine learning in Python[J]. Journal of Machine Learning Research, 2011, 12: 2825-2830.

[160] Apache Software Foundation. Apache Hadoop[EB/OL]. https://hadoop. apache.org/.

[161] ICANN. ICANN open data platform[EB/OL]. https://opendata.icann. org/pages/home-page/.

[162] MCGUIRE D. Ruling on '.us' domain raises privacy issues[EB/OL]. 2005. https://www.washingtonpost.com/wp-dyn/articles/A7251-2005Mar4.html.

[163] STOCK B, PELLEGRINO G, ROSSOW C, et al. Hey, you have a problem: On the feasibility of large-scale web vulnerability notification[C/OL]//Proceedings of the 25th USENIX Security Symposium (USENIX Security 16). Austin, TX: USENIX Association, 2016: 1015-1032. https://www.usenix.org/conference/usenixsecurity16/technical-sessions/presentation/stock.

[164] STOCK B, PELLEGRINO G, LI F, et al. Didn't you hear me?—Towards more successful web vulnerability notifications[C/OL]//Proceedings of the 25th Network and Distributed System Security Symposium (NDSS 2018). Internet Society, 2018. http://dx.doi.org/10.14722/ndss.2018.23171.

[165] CHRISTIN N, YANAGIHARA S S, KAMATAKI K. Dissecting one click frauds[C/OL]//CCS'10: Proceedings of the 17th ACM Conference on Computer and Communications Security. New York, NY, USA: Association for Computing Machinery, 2010: 15-26. https://doi.org/10.1145/1866307.1866310.

[166] REAVES B, SCAIFE N, TIAN D, et al. Sending out an SMS: Characterizing the security of the SMS ecosystem with public gateways[C/OL]//Proceedings of the 2016 IEEE Symposium on Security and Privacy (SP). 2016: 339-356. https://doi.org/10.1109/SP.2016.28.

[167] DU K, YANG H, LI Z, et al. The ever-changing labyrinth: A large-scale analysis of wildcard DNS powered blackhat SEO[C/OL]//Proceedings of the 25th USENIX Security Symposium (USENIX Security 16). Austin, TX: USENIX Association, 2016: 245-262. https://www.usenix.org/conference/us enixsecurity16/technical-sessions/presentation/du.

[168] WANG D, SAVAGE S, VOELKER G M. Juice: A longitudinal study of an SEO campaign[C/OL]//Proceedings of the 20th Network and

Distributed System Security Symposium (NDSS 2013). Internet Society, 2013. https://www.ndss-symposium.org/wp-content/uploads/2017/09/07_4_0.pdf.

[169] Anti-Phishing Working Group (APWG), Messaging, Malware and Mobile Anti-Abuse Working Group (M3AAWG). ICANN GDPR and WHOIS users survey[EB/OL]. 2018. https://docs.apwg.org/reports/ICANN_GDPR_WHOIS_Users_Survey_20181018.pdf.

[170] Google. The chromium projects[EB/OL]. https://www.chromium.org/.

[171] PAXSON V, CHRISTODORESCU M, JAVED M, et al. Practical comprehensive bounds on surreptitious communication over DNS [C/OL]//Proceedings of the 22nd USENIX Security Symposium (USENIX Security 13). Washington, D.C.: USENIX Association, 2013: 17-32. https://www.usenix.org/conference/usenixsecurity13/technical-sessions/presentation/paxson.

[172] PLOHMANN D, YAKDAN K, KLATT M, et al. A comprehensive measurement study of domain generating malware[C/OL]//Proceedings of the 25th USENIX Security Symposium (USENIX Security 16). Austin, TX: USENIX Association, 2016: 263-278. https://www.usenix.org/conference/usenixsecurity16/technical-sessions/presentation/plohmann.

[173] ALOWAISHEQ E, WANG P, ALRWAIS S, et al. Cracking wall of confinement: Understanding and analyzing malicious domain takedowns [C/OL]//Proceedings of the 26th Network and Distributed System Security Symposium (NDSS 2019). Internet Society, 2019. https://dx.doi.org/10.14722/ndss.2019.23243.

[174] SIVAKORN S, JEE K, SUN Y, et al. Countering malicious processes with process-DNS association [C/OL]//Proceedings of the 26th Network and Distributed System Security Symposium (NDSS 2019). Internet Society, 2019. https://dx.doi.org/10.14722/ndss.2019.23012.

[175] LE POCHAT V, MAROOFI S, VAN GOETHEM T, et al. A practical approach for taking down avalanche botnets under real-world constraints[C/OL]//Proceedings of the 27th Network and Distributed System Security Symposium (NDSS 2020). Internet Society, 2020. https://dx.doi.org/10.14722/ndss.2020.24161.

[176] MIRAMIRKHANI N, STAROV O, NIKIFORAKIS N. Dial one for scam: A large-scale analysis of technical support scams[C/OL]//Proceedings of the 24th Network and Distributed System Security Symposium (NDSS 2017).

Internet Society, 2017. http://dx.doi.org/10.14722/ndss.2017.23163.

[177] KHARRAZ A, ROBERTSON W, KIRDA E. Surveylance: Automatically detecting online survey scams [C/OL]//Proceedings of the 39th IEEE Symposium on Security and Privacy. San Francisco, CA, 2018: 70-86. https://seclab.nu/static/publications/SP.2018surveylance.pdf.

[178] BASHIR M A, ARSHAD S, KIRDA E, et al. A longitudinal analysis of the ads.txt standard[C/OL]//Proceedings of the Internet Measurement Conference. New York, NY, USA: Association for Computing Machinery, 2019: 294-307. https://doi.org/10.1145/3355369.3355603.

[179] KHAN M T, HUO X, LI Z, et al. Every second counts: Quantifying the negative externalities of cybercrime via typosquatting[C/OL]//Proceedings of the 2015 IEEE Symposium on Security and Privacy. 2015: 135-150. https://doi.org/10.1109/SP.2015.16.

[180] YANG H, MA X, DU K, et al. How to learn klingon without a dictionary: Detection and measurement of black keywords used by the underground economy[C/OL]//Proceedings of the 2017 IEEE Symposium on Security and Privacy (SP). 2017: 751-769. https://doi.org/10.1109/SP.2017.11.

[181] ZIMMECK S, LI J S, KIM H, et al. A privacy analysis of cross-device tracking[C/OL]//Proceedings of the 26th USENIX Security Symposium (USENIX Security 17). Vancouver, BC: USENIX Association, 2017: 1391-1408. https://www.usenix.org/conference/usenixsecurity17/technical-sessions/presentation/zimmeck.

[182] REN J, LINDORFER M, DUBOIS D J, et al. A longitudinal study of PII leaks across android app versions[C/OL]//Proceedings of the 25th Network and Distributed System Security Symposium (NDSS 2018). Internet Society, 2018. http://dx.doi.org/10.14722/ndss.2018.23143.

[183] VALLINA P, FEAL A, GAMBA J, et al. Tales from the porn: A comprehensive privacy analysis of the web porn ecosystem[C/OL]//Proceedings of the Internet Measurement Conference. New York, NY, USA: Association for Computing Machinery, 2019: 245-258. https://doi.org/10.1145/3355369.3355583.

[184] DELIGNAT-LAVAUD A, ABADÍ M, BIRRELL M, et al. Web PKI: Closing the gap between guidelines and practices[C/OL]//Proceedings of the 21st Network and Distributed System Security Symposium (NDSS 2014). Internet Society, 2014. http://dx.doi.org/10.14722/ndss.2014.23305.

[185] CANGIALOSI F, CHUNG T, CHOFFNES D, et al. Measurement and anal-

ysis of private key sharing in the HTTPS ecosystem[C/OL]//Proceedings of the 2016 ACM SIGSAC Conference on Computer and Communications Security. New York, NY, USA: Association for Computing Machinery, 2016: 628-640. https://doi.org/10.1145/2976749.2978301.

[186] ROBERTS R, GOLDSCHLAG Y, WALTER R, et al. You are who you appear to be: A longitudinal study of domain impersonation in TLS certificates[C/OL]//Proceedings of the 2019 ACM SIGSAC Conference on Computer and Communications Security. New York, NY, USA: Association for Computing Machinery, 2019: 2489-2504. https://doi. org/10.1145/3319535.3363188.

[187] ALRAWI O, ZUO C, DUAN R, et al. The betrayal at cloud city: An empirical analysis of cloud-based mobile backends[C/OL]//Proceedings of the 28th USENIX Security Symposium (USENIX Security 19). Santa Clara, CA: USENIX Association, 2019: 551-566. https://www. usenix.org/conference/usenixsecurity19/presentation/alrawi.

[188] VAN EDE T, BORTOLAMEOTTI R, CONTINELLA A, et al. Flowprint: Semi-supervised mobile-app fingerprinting on encrypted network traffic[C/OL]//Proceedings of the 27th Network and Distributed System Security Symposium (NDSS 2020). Internet Society, 2020. https://dx. doi.org/10.14722/ndss.2020.24412.

[189] RAFIQUE M Z, VAN GOETHEM T, JOOSEN W, et al. It's free for a reason: Exploring the ecosystem of free live streaming services[C/OL]//Proceedings of the 23rd Network and Distributed System Security Symposium (NDSS 2016). Internet Society, 2016. http://dx. doi.org/10.14722/ndss.2016.23030.

[190] ROTH S, BARRON T, CALZAVARA S, et al. Complex security policy? A longitudinal analysis of deployed content security policies[C/OL] //Proceedings of the 27th Network and Distributed System Security Symposium (NDSS 2020). Internet Society, 2020. https://dx.doi.org/ 10.14722/ndss.2020.23046.

[191] SZURDI J, CHRISTIN N. Email typosquatting[C/OL]//IMC '17: Proceedings of the 2017 Internet Measurement Conference. New York, NY, USA: Association for Computing Machinery, 2017: 419-431. https://doi. org/10.1145/3131365.3131399.

[192] FAROOQI S, ZAFFAR F, LEONTIADIS N, et al. Measuring and mitigating oauth access token abuse by collusion networks[C/OL]//Proceedings of

the 2017 Internet Measurement Conference. New York, NY, USA: Association for Computing Machinery, 2017: 355-368. https://doi.org/10.1145/3131365.3131404.

[193] TUCOWS DOMAINS. Tiered access[EB/OL]. 2022. https://tieredaccess.com/.

[194] RESCORLA E. The transport layer security (TLS) protocol version 1.3[J/OL]. RFC, 2018, 8446: 1-160. https://doi.org/10.17487/RFC8446.

[195] COOPER D, SANTESSON S, FARRELL S, et al. Internet X.509 public key infrastructure certificate and certificate revocation list (CRL) profile[J/OL]. RFC, 2008, 5280: 1-151. https://doi.org/10.17487/RFC5280.

[196] RESCORLA E. HTTP over TLS[J/OL]. RFC, 2000, 2818: 1-7. https://doi.org/10.17487/RFC2818.

[197] LIAN W, RESCORLA E, SHACHAM H, et al. Measuring the practical impact of DNSSEC deployment[C/OL]//Proceedings of the 22nd USENIX Security Symposium (USENIX Security 13). Washington, D.C.: USENIX Association, 2013: 573-588. https://www.usenix.org/conference/usenixsecurity13/technical-sessions/ paper/lian.

[198] CHEN J, JIANG J, DUAN H, et al. Host of troubles: Multiple host ambiguities in HTTP implementations[C/OL]//Proceedings of the 2016 ACM SIGSAC Conference on Computer and Communications Security. New York, NY, USA: Association for Computing Machinery, 2016: 1516-1527. https://doi.org/10.1145/2976749.2978394.

[199] KREIBICH C, WEAVER N, NECHAEV B, et al. Netalyzr: Illuminating the edge network[C/OL]//Proceedings of the 10th ACM SIGCOMM Conference on Internet Measurement. New York, NY, USA: Association for Computing Machinery, 2010: 246-259. https://doi.org/10.1145/1879141.1879173.

[200] POCHAT V L, VAN GOETHEM T, TAJALIZADEHKHOOB S, et al. Tranco: A research-oriented top sites ranking hardened against manipulation[C/OL]//Proceedings of the 26th Network and Distributed System Security Symposium (NDSS 2019). Internet Society, 2019. https://dx.doi.org/10.14722/ndss.2019.23386.

[201] Quad9[EB/OL]. https://www.quad9.net/.

[202] DNS-OARC. Check your resolver's source port behavior[EB/OL]. 2008. https://www.dns-oarc.net/oarc/services/porttest.

[203] HOFSTEDE R, ČELEDA P, TRAMMELL B, et al. Flow monitoring explained: From packet capture to data analysis with NetFlow and IP-

FIX[J/OL]. IEEE Communications Surveys Tutorials, 2014, 16(4): 2037-2064. https://doi.org/10.1109/COMST.2014.2321898.

[204] DNS 派 [EB/OL]. http://www.dnspai.com/.

[205] PROXYRACK[EB/OL]. https://www.proxyrack.com/.

[206] 芝麻代理 [EB/OL]. https://h.zhimaruanjian.com/.

[207] DURUMERIC Z, WUSTROW E, HALDERMAN J A. ZMap: Fast internet-wide scanning and its security applications[C/OL]//Proceedings of the 22nd USENIX Security Symposium (USENIX Security 13). Washington, D.C.: USENIX Association, 2013: 605-620. https://www.usenix.org/conference/usenixsecurity13/technical-sessions/paper/durumeric.

[208] getdns[EB/OL]. https://getdnsapi.net/.

[209] CHUNG T, LIU Y, CHOFFNES D, et al. Measuring and applying invalid SSL certificates: The silent majority[C/OL]//Proceedings of the 2016 Internet Measurement Conference. New York, NY, USA: Association for Computing Machinery, 2016: 527-541. https://doi.org/10.1145/2987443.2987454.

[210] ANONYMOUS. Towards a comprehensive picture of the great firewall's DNS censorship[C/OL]//Proceedings of the 4th USENIX Workshop on Free and Open Communications on the Internet (FOCI 14). San Diego, CA: USENIX Association, 2014. https://www.usenix.org/conference/foci14/workshop-program/presentation/anonymous.

[211] MCMANUS P. Firefox nightly secure DNS experimental results[EB/OL]. 2018. https://blog.nightly.mozilla.org/2018/08/28/firefox-nightly-secure-dns-experimental-results/.

[212] 阿里云. 域名系统安全扩展 (DNSSEC) 配置 [EB/OL]. 2020. https://help.aliyun.com/document_detail/101717.html.

[213] Cloudfare community. Case randomization recently disabled?[EB/OL]. 2019. https://community.cloudflare.com/t/case-randomization-recently-disabled/61376.

[214] Verisign. Name acceptable use policy[EB/OL]. 2011. https://www.verisign.com/assets/name-acceptable-use-policy.pdf?inc=www.verisigninc.com.

[215] Citadel botnet legal notice[EB/OL]. 2013. https://botnetlegalnotice.com/citadel/.

[216] Dorkbot seizure court order[EB/OL]. 2015. https://botnetlegalnotice.com/dorkbot/.

[217] Ramnit botnet legal notice[EB/OL]. 2015. https://botnetlegalnotice.com/

ramnit/.

[218] CARHART L. Consolidated malware sinkhole list[EB/OL]. 2017. https:// tisiphone.net/2017/05/16/consolidated-malware-sinkhole-list/.

[219] JACOBS M B. Identifying 3rd party sinkhole operations for computer network defense and threat analysis[EB/OL]. 2016. https://www.first. org/resources/papers/conf2016/FIRST-2016-78.pdf.

[220] The Université Toulouse 1 Capitole. Blacklists ut1[EB/OL]. http://dsi.ut-capitole.fr/blacklists/index_en.php.

[221] CyberCrime tracker[EB/OL]. https://cybercrime-tracker.net/.

[222] IT Security Beratung Christine Kronberg. Shalla's blacklists[EB/OL]. http://www.shallalist.de/categories.html.

[223] VX Vault[EB/OL]. http://vxvault.net/ViriList.php.

[224] Abuse.ch. URLhaus[EB/OL]. https://urlhaus.abuse.ch/.

[225] Stop forum spam[EB/OL]. https://www.stopforumspam.com/downloads.

[226] Compromised domain list[EB/OL]. https://zonefiles.io/compromised-domain-list/.

[227] Dyn malware feeds[EB/OL]. http://security-research.dyndns.org/pub/malware-feeds/.

[228] NetworkX[EB/OL]. https://networkx.org/.

[229] CleanBrowsing. Website categorify[EB/OL]. https://categorify.org/.

[230] Microsoft Digital Crimes Unit. Nitol malware research and analysis[EB/OL]. 2013. https://web.archive.org/web/20130113130129/http:// blogs.technet.com/cfs-filesystemfile.ashx/___key/communityserver-blogs-components-weblogfiles/00-00-00-80-54/3755.Microsoft-Study-into-b70.pdf.

[231] Framwork to address abuse[EB/OL]. 2020. https://dnsabuseframework. org/media/files/2020-05-29_DNSAbuseFramework.pdf.

[232] HUITEMA C, DICKINSON S, MANKIN A. DNS over dedicated QUIC connections[J/OL]. RFC, 2022, 9250: 1-27. http://doi.org/10.17487/RFC9250.

[233] KINNEAR E, MCMANUS P, PAULY T, et al. Oblivious DNS over HTTPS[J/OL]. RFC, 2022, 9230: 1-19. http://doi.org/10.17487/RFC9230.

在学期间完成的相关学术成果

学术论文

[1] **Chaoyi Lu**, Baojun Liu, Zhou Li, Shuang Hao, Haixin Duan, et al. *An End-to-End, Large-Scale Measurement of DNS-over-Encryption: How Far Have We Come?*. In Proceedings of the 19th ACM Internet Measurement Conference (IMC), Amsterdam, Netherlands, October 2019. （互联网测量领域顶级会议，TH-CPL A 类会议，录用率 39/197＝19.7％；论文获颁国际互联网研究任务组应用网络研究奖，提名会议最佳论文奖和社区贡献奖）

[2] **Chaoyi Lu**, Baojun Liu, Yiming Zhang, Zhou Li, Fenglu Zhang, et al. *From WHOIS to WHOWAS: A Large-Scale Measurement Study of Domain Registration Privacy under the GDPR*. In Proceedings of the 28th Network and Distributed System Security Symposium (NDSS), Virtual event, February 2021. （网络空间安全领域顶级会议，TH-CPL A 类会议，录用率 87/573＝15.1％）

[3] Baojun Liu, **Chaoyi Lu**, Haixin Duan, Ying Liu, Zhou Li, et al. *Who Is Answering My Queries: Understanding and Characterizing Interception of the DNS Resolution Path*. In Proceedings of the 27th USENIX Security Symposium, Baltimore, MD, USA, August 2018. （网络空间安全领域顶级会议，TH-CPL A 类会议，录用率 100/524＝19.0％）

[4] Xiaofeng Zheng, **Chaoyi Lu**, Jian Peng, Qiushi Yang, et al. *Poison Over Troubled Forwarders: A Cache Poisoning Attack Targeting DNS Forwarding Devices*. In Proceedings of the 29th USENIX Se-

curity Symposium, Virtual event, August 2020.（网络空间安全领域顶级会议，TH-CPL A 类会议，录用率 157/977＝16.0％）

[5] Baojun Liu, **Chaoyi Lu**, Zhou Li, Ying Liu, Haixin Duan, et al. *A Reexamination of Internationalized Domain Names: the Good, the Bad and the Ugly*. In Proceedings of the 48th IEEE/IFIP International Conference on Dependable Systems and Networks (DSN), Luxembourg City, Luxembourg, June 2018.（网络空间安全领域重要会议，TH-CPL B 类会议，录用率 51/202＝25.2％）

[6] Fenglu Zhang, **Chaoyi Lu**, Baojun Liu, Haixin Duan, and Ying Liu. *Measuring the Practical Effect of DNS Root Server Instances: A China-Wide Case Study*. In Proceedings of the 23rd Passive and Active Measurement Conference (PAM). Virtual event, March 2022.（互联网测量领域重要会议，TH-CPL B 类会议，录用率 30/62＝48.3％）

[7] Yiming Zhang, Baojun Liu, **Chaoyi Lu**, Zhou Li, Haixin Duan, et al. *Lies in the Air: Characterizing Fake-base-station Spam Ecosystem in China*. In Proceedings of the 27th ACM Conference on Computer and Communications Security (CCS), Virtual event, November 2020.（网络空间安全领域顶级会议，TH-CPL A 类会议，录用率 121/715＝16.9％）

[8] Yiming Zhang, Baojun Liu, **Chaoyi Lu**, Zhou Li, Haixin Duan, et al. *Rusted Anchors: A National Client-Side View of Hidden Root CAs in the Web PKI Ecosystem*. In Proceedings of the 28th ACM Conference on Computer and Communications Security (CCS), Virtual event, November 2021.（网络空间安全领域顶级会议，TH-CPL A 类会议，录用率 196/879＝22.2％）

[9] Mingming Zhang, Baojun Liu, **Chaoyi Lu**, Jia Zhang, Shuang Hao, et al. *Measuring Privacy Threats in China-Wide Mobile Networks*. Accepted to the 8th USENIX Workshop on Free and Open Communications on the Internet (FOCI), Baltimore, MD, USA, August 2018.（网络空间安全领域知名工作组会议，录用率 11/28＝39.2％）

[10] Baojun Liu, Zhou Li, Peiyuan Zong, **Chaoyi Lu**, Haixin Duan, et

al. *TraffickStop: Detecting and Measuring Illicit Traffic Monetization Through Large-Scale DNS Analysis.* In Proceedings of the 4th IEEE European Symposium on Security and Privacy (EuroS&P), Stockholm, Sweden, June 2019.（网络空间安全领域知名会议，录用率 42/210＝20.0％）

[11] Yiming Zhang, Mingxuan Liu, Mingming Zhang, **Chaoyi Lu**, and Haixin Duan. *Ethics in Security Research: Visions, Reality, and Paths Forward.* Accepted to the 1st International Workshop on Ethics in Computer Security (EthiCS), Genoa, Italy, June 2022.（网络空间安全领域工作组会议，录用率 5/10＝50.0％）

[12] Mingming Zhang, Xiaofeng Zheng, Kaiwen Shen, Ziqiao Kong, **Chaoyi Lu**, et al. *Talking with Familiar Strangers: An Empirical Study on HTTPS Context Confusion Attacks.* In Proceedings of the 27th ACM Conference on Computer and Communications Security (CCS), Virtual event, November 2020.（网络空间安全领域顶级会议，TH-CPL A 类会议，录用率 121/715＝16.9％）

[13] Kaiwen Shen, Chuhan Wang, Xiaofeng Zheng, Minglei Guo, **Chaoyi Lu**, et al. *Weak Links in Authentication Chains: A Large-scale Analysis of Email Sender Spoofing Attacks.* In Proceedings of the 30th USENIX Security Symposium, Virtual event, August 2021.（网络空间安全领域顶级会议，TH-CPL A 类会议，录用率 246/1308＝18.8％）

行业标准

[14] 陆超逸, 黄友俊, 张甲, 段海新, 马迪, 张云飞等. 域名系统解析数据加密传输技术要求. 中华人民共和国通信行业标准（标准号：YD/T 4712—2024, 2024 年 3 月发布）

发明专利

[15] 张一铭, 刘保君, 陆超逸, 段海新, 李家琛, 刘武. 一种网络访问安全性检测方法及装置: 中国, 202111284859.6.（专利申请号）

参研项目

[16] 国家重点研发计划. 安全 *** 技术研究（编号: 2017YFB0803202）

[17] 国家自然科学基金. 基于语义和视觉差异的网络异常检测（编号: U1836213）

[18] 中国信息安全测评中心. 安全通讯网络系统的设计与实现（编号: 2019B02）

[19] 工业和信息化部. 域名安全重点问题专项研究（主要承担者）

[20] 赛尔网络下一代互联网技术创新项目. IPv6 环境下威胁情报感知平台（编号：NGII20160403，主要承担者）

奖励荣誉

[21] 北京市普通高校优秀毕业生，2022 年

[22] 清华大学优秀博士毕业生，2022 年

[23] 清华大学优秀博士学位论文，2022 年

[24] 清华大学网络科学与网络空间研究院优秀毕业生，2022 年

[25] 国际互联网研究任务组应用网络研究奖（IRTF Applied Networking Research Prize），2020 年

[26] 清华大学综合优秀一等奖学金，2020 年和 2021 年

[27] ACM IMC 会议最佳论文奖（Distinguished Paper Award）提名和社区贡献奖（Community Contribution Award）提名，2019 年

[28] 第五届下一代互联网技术创新大赛甲组一等奖，2019 年

[29] IEEE/IFIP DSN 会议学生奖励金（Student Grant），2018 年

致　　谢

　　二十多年的学生生涯结束前夕，我百感交集，在这个可以"自由发挥"的部分更是提笔迟疑。回顾在学期间的林林总总：从一年级的懵懂、二年级的萎靡、三年级的重振、四年级的平静，直到五年级的释然——博士生涯不可不谓是一场能力、精神和心态的蜕变。能够顺利完成学业，有太多的事值得感慨、太多的人需要感谢。

　　润物细无声，感谢导师的倾囊相授。吴建平院士严谨治学、造诣深远，时刻教导我做学问要创新，要注重研究的实际意义；段海新老师循循善诱、亦师亦友，多次在我为未来道路感到迷茫时一步步指引，不断勉励我挖掘和发挥个人优势，帮助我在学习工作中找到自信。博士在读期间能够跟随二位老师，开展一系列有意思、有价值的工作，我深感荣幸；能够取得如今的成果，离不开老师们的悉心教导。

　　独木不成林，感谢同行的倾力相助。特别感谢清华大学网络研究院的刘保君学长，在相识六年间给予我一贯的帮助和支持及当我陷入低谷时的屡屡开导和慰藉。和你建立的坚实合作关系，让我看见无限可能。衷心感谢美国加州大学尔湾分校的李洲老师、德州大学达拉斯分校的郝双老师，以及加州大学河滨分校的钱志云老师。三位老师跨越国界和时差，为我提供了大量的深入指导，使我获益匪浅。在360网络安全研究院实习期间，承蒙宫一鸣、李丰沛、张在峰、梁锦津、叶根深、徐洋等同事的关照，得以构建本书工作的基础，感谢各位长达四年的协助和包容。同时，感谢清华大学网络研究院的张甲老师、诸葛建伟老师、李琦老师、张超老师，郑晓峰、彭坚、陈建军、黄友俊等学长在具体课题上提供的指导，以及郭娜老师、张媛老师、邱实老师、于毅老师在日常事务中予以的照拂。

　　少年乐相知，感谢同窗的倾忧相伴。有缘结识张一铭、张明明、刘明烜几位至交，希望朋友们今后继续迎难而上。感谢李想、张丰露、周庚乾、赵博栋、许威、冷春莹、李家琛、常得量等同学在科研方面提供的直接协助。感谢清华大学 NISL 实验室的全体同学——正因有了彼此，我们在追求知识的道路上都不是踽踽独行。

月明闻杜宇，感谢家人的倾情相守。养育二十余载实属不易，常年求学在外思念更切；对家人的感激，总是溢于言表。

感谢秦皇岛市第一医院人事处的王珊珊老师和雷婷老师，以及在社会实践期间相识的医生朋友们。二〇一九年的盛夏因为有你们而极为难忘和充实。

感谢德彪西、李斯特、肖邦、拉威尔、拉赫玛尼诺夫、普罗科菲耶夫等音乐家的作品，陪伴我度过了撰写论文的一个个日夜。

最后，感谢各位专家拨冗参加论文的评审工作，也谢谢能够读到这里的你。